"十三五"普通高等教育本科规划教材

聚合物流变学基础

马爱洁　杨晶晶　陈卫星　编

化学工业出版社

·北京·

流变学是研究材料流动与变形的科学，是当代材料科学技术发展中的一门重要学科。本书共 5 章，涵盖聚合物流变学的基础知识、基本理论、流变测量等内容，第 1 章介绍聚合物流变学发展历史及基本概念；第 2 章讲述聚合物流体的黏性与弹性；第 3 章为聚合物流体的流动分析；第 4 章解析流变学基本方程及应用；第 5 章介绍流变的测量及应用。

本书可作为高分子材料与工程及相关专业的本科教材，亦是从事高分子材料及其加工成型过程研究、开发、生产的工程技术人员及有兴趣于流变学和高分子科学的科研人员的参考书。

图书在版编目（CIP）数据

聚合物流变学基础/马爱洁，杨晶晶，陈卫星编.—北京：化学工业出版社，2018.8（2023.1 重印）
"十三五"普通高等教育本科规划教材
ISBN 978-7-122-32519-8

Ⅰ.①聚…　Ⅱ.①马…②杨…③陈…　Ⅲ.①聚合物-流变学-高等学校-教材　Ⅳ.①O63

中国版本图书馆 CIP 数据核字（2018）第 138313 号

责任编辑：王　婧　杨　菁　　　　　　　　　　装帧设计：张　辉
责任校对：王素芹

出版发行：化学工业出版社（北京市东城区青年湖南街 13 号　邮政编码 100011）
印　　装：北京虎彩文化传播有限公司
787mm×1092mm　1/16　印张 8¾　字数 197 千字　2023 年 1 月北京第 1 版第 5 次印刷

购书咨询：010-64518888　　　　　　　　售后服务：010-64518899
网　　址：http://www.cip.com.cn
凡购买本书，如有缺损质量问题，本社销售中心负责调换。

定　　价：49.00 元　　　　　　　　　　　　　　　　版权所有　违者必究

前　言

聚合物流变学是研究聚合物流动和变形的科学，是介于力学、化学和工程科学之间的交叉科学，是现代流变学的重要分支，也是当代材料科学技术发展中的一门重要学科。研究聚合物流变学对聚合物的合成、加工、加工机械和模具的设计等均具有重要意义。

本书共 5 章，涵盖聚合物流变学的基础知识、基本理论、流变测量等内容。第 1 章介绍了聚合物流变学的发展历史、研究对象及方法，简述了聚合物典型的流变行为及特征，同时回顾了流变学中常用的力学、数学名词及概念等。第 2 章主要讨论聚合物流体的黏性与弹性，包括流体的类型、流体黏度的影响因素、测定方法，解释了熔体的弹性原理和几种典型的弹性行为。第 3 章以聚合物常见的几种流动方式——圆管中的流动、平行板间的压力流动、平行板间的拖曳流动、环形圆管中的压力流动、环形圆管中的拖曳流动为例，分析了聚合物流体的流动行为。第 4 章推导了流变学 3 大基本方程——连续性方程、动量方程、能量方程，介绍了其应用范围，并将其应用在聚合物的平板间拖曳流动和双辊筒压延流动的应力、应变速率、体积流率等的分析中。第 5 章介绍了几种用于流变测量的流变仪——毛细管流变仪、旋转流变仪、转矩流变仪、拉伸流变仪的基本构造和应用，并举例介绍了流变学在聚合物研究中的应用。

本书注重流变学的基本理论和方法的介绍，主要面向高分子材料与工程、高分子化学与物理专业以及相关专业的本科生，奠定从事高分子材料及其加工成型过程研究、开发、生产等的理论基础。同时，本书也可以作为有兴趣于流变学和高分子科学的科研人员的参考书。

本书由马爱洁编写第 1、2、4 章，杨晶晶、陈卫星编写第 3、5 章。在编写和出版过程中，得到了西安工业大学的大力支持并获得教材资助，在此一并表示感谢！

由于编者水平有限，难免存在疏漏之处，敬请读者批评指正。

编者

2018 年 1 月

目 录

第1章 流变学概论

1.1 流变学的发展历史

流变学是研究材料流动和变形的科学，即研究材料的流动、变形及造成材料流动和变形的各种因素之间关系的一门科学，是介于力学、化学和工程等多学科之间的交叉科学。

流变学是一门既古老又年轻的科学，其早期发展来源于人类的生产活动，并体现在人类思想史的发展上。远古时期，我们的祖先就通过自己的聪明智慧积累了一些关于物质流动和变形的知识，并在实践活动中应用。公元前1500年，埃及人发明了一种"水钟"（图1.1），它与陶制漏斗相似，用以测定容器内水层高度与时间的关系以及温度对流体黏度的影响。另外，计时用沙漏也可以说是流变

图1.1 埃及水钟（公元前1500年）

1

学最为古老、经典的应用实例之一。在计时过程中，沙粒由于自重在不断地流动着，其流速也随自重的变化而变化，这正是古人流变学的思想在实践活动中的体现。另外，从《墨经》中可以看出，在 2000 多年前我们的祖先对流变学在农田灌溉、河道分流、防汛抗洪等方面已有应用。

公元前 6 世纪，古希腊哲学家赫拉克里（Herakleitos）提出了"万物皆流"（everything will flow）的流变学思想，并在人类社会广为流传。我国古代思想家孔子也曾经说过："逝者如斯夫，不舍昼夜！"这些将事物看做是运动变化的思想，实际上就是流变学思想的萌芽，而流变学在自然科学上的发展仍处于初始阶段。直到 16 世纪后，伽利略（Galileo）提出了一个创举性概念——"液体具有内聚黏性"，人们对于流变学的认识才逐渐深入。16 世纪至 18 世纪流变学发展较快，其中胡克（Hooke）建立了弹性固体的应力与应变的关系，牛顿（Newton）阐明了流体阻力和切变速率之间的关系。这些发现，特别是牛顿的黏度定律，对流变学的发展起到了十分重要的作用。19 世纪法国泊肃叶（Poiseuille）建立的泊肃叶方程，在流变学发展史上是一个很重要的标志。该方程指出了水或其他小分子流体通过圆管时，体积流量与管径、管长、流体的黏度以及压差之间的关系。像牛顿定律那样，泊肃叶方程至今仍得到广泛应用。作为重要的聚合物工业之一的橡胶工业，当时已经出现，人们已经就生产中所遇到的问题来研究天然橡胶的流动性。英国物理学家麦克斯韦（Maxwell）和开尔文（Kelvin）很早就认识到材料的变化与时间存在紧密联系的时间效应。麦克斯韦在 1869 年发现，材料可以是弹性的，也可以是黏性的。对于黏性材料，应力不能保持恒定，而是以某一速率减小到零，其速率取决于施加的起始应力值和材料的性质，这种现象称为应力松弛。许多学者还发现，有时应力虽然不变，材料却可随时间继续变形，而这种性能就是蠕变或流动。到 1874 年，玻尔兹曼（L. Boltzmann）发展了三维线性黏弹性理论，这对橡胶流变性能的理解和进一步研究起了推动的作用。

尽管流变学某些思想的萌芽如其他科学思想的萌芽一样，在古代就已经产生，而与流变学密切相关的科学，诸如弹性力学、塑料力学、流体力学等，随着工业生产的兴起，早已形成了严格的体系，但是，流变学作为一门独立的科学而出现，则是从 1928 年开始的。在 20 世纪初，当时研究学者们在研究塑胶、金属等工业材料以及血液、骨骼等生物材料的过程中，发现使用古典弹性理论、塑性理论和牛顿液体理论已不能说明这些材料的复杂特性，于是就产生了流变学的思想。经过长期探索，人们终于得知，一切材料都具有时间效应，于是出现了流变学，并在 20 世纪 30 年代后得到蓬勃发展。在流变学发展过程中，美国物理化学家宾汉（E. O. Bingham）教授作出了划时代的贡献，是流变学的奠基人。他不仅发现了一类所谓"宾汉流体"（如润滑油、乳油、泥浆等）的流动规律，而且把 20 世纪以前积累下来的有关流变学的零碎知识进行了系统归纳，并正式命名为"流变学"（rheology，取自希腊文 rheo 或 rhein 为流动、流变，

logy 或 logos 为科学）。1928 年，宾汉倡议成立"流变学会"，并创刊《流变学杂志》（Rheol. J. ）（1933 年后曾停止出版，1957 年作为《Transaction of Society of Rheology》重新出版，1978 年又恢复最初的名字《Journal of Rheology》）。现代流变学的发展与其他自然科学一样，一开始就是由生产所决定的，是由机械制造、建筑、运输、水利、冶金、宇航和化工（特别是高分子化工）等的迅速发展而促成的。流变学作为力学的一个新分支，它主要研究材料在应力、应变、温度、湿度、辐射等条件下与时间因素有关的变形和流动的规律。在流变学中，聚合物的流变学占很大一部分内容，其中很多和我们的现实生活相关。

直到第二次世界大战爆发之前，美国流变学会仍是世界上唯一的流变学会。1939 年，荷兰皇家科学院成立了以 J. M. 伯格斯为首的流变学小组；1940 年，英国成立流变学家俱乐部，1950 年改称英国流变学会；此后，德国、法国、日本、瑞典、澳大利亚、捷克、意大利、比利时、奥地利、以色列、西班牙、印度等国先后成立各自国家的流变学学会；1988 年，中国正式成为国际流变学会成员。1945 年 12 月国际科学联合会（International Council of Scientific Unions）组织了一个流变学委员会，1947 年在冯·卡门的主持下举行了第一次会议，代表们分别来自于物理、化学、生物科学、大地测量、空气物理、理论和应用力学国际联合会。委员会的职能有对流变学的专门名词进行命名，摘要流变学论文，组织国际流变学会议。1968 年前，国际流变学会议每 5 年举行 1 次。1968 年后，每 4 年举行 1 次，交流该时期的最新进展情况。1973 年国际流变学委员会被接纳为国际纯粹和应用化学联合会的分支机构，1974 年国际流变学委员会被接纳为国际理论和应用力学联合会的分支机构。目前按照国际流变学委员会章程，将世界划分为 3 个大区，即亚洲区、欧洲区和北美区，国际流变学学术大会也在上述 3 个大区轮流举行。2012 年第十六届国际流变学学术大会在葡萄牙里斯本文化中心召开，来自 39 个国家的 960 名代表出席大会，摘要收录论文 899 篇。我国的流变学发展相对迟缓，最早从事流变学研究工作的是地质力学家，而最早的关于流变学的书籍则是 1961 年袁龙蔚编写的《流变学概论》。1965 年，中国科学院将雷纳（Raynor）的《理论流变学讲义》引入中国，人们才开始建立流变学的概念，1985 年成立中国流变学专业委员会。目前与国际先进的发达国家相比，我国流变学研究的历史还不长，高水平的成果还不多，在国际同领域有较大影响和感召力的流变学学者较少，需要我们的进一步努力发展。

流变学研究对象是从水利、土建、金属材料等，逐渐扩展到高分子材料中去的。许多现代工业，特别是塑料、橡胶、纤维、皮革、油漆和涂料以及食品等工业，其加工和使用过程出现了聚合物的流动和变形等现象，因而产生了聚合物流变学，并推动着它迅速向前发展，尤其是在 20 世纪 30 年代之后发展更快，因为在第二次世界大战末期，高分子材料已经成为重要的工业材料。20 世纪 30～50

年代，许多从事聚合物流变学的工作者着手研究流变与加工的关系，其中，大部分的研究对象是塑料，而意大利的马泽蒂（B. Marzetti）、美国的狄龙（J. H. Dillon）和穆尼（M. Mooney）则研究了未硫化橡胶的流动与变形。穆尼于1934年发明了穆尼黏度计，提供了橡胶的质量控制手段。第二次世界大战后，未硫化橡胶流变性能的研究则以材料的黏弹性为主；1948年，魏森贝格（K. Weissenberg）发现了爬杆现象（魏森贝格效应或法向应力效应），开拓了非线性黏弹行为的研究。

20世纪60年代以来，顺丁橡胶推广应用中所出现的问题，使人们重新注意研究弹性体的加工性与流变行为。怀特（J. L. White）、时田昇（N. Tokita）、二宫和彦、克劳斯（G. Klaus）、维诺格拉多夫（T. B. Bhhorpanob）、马尔金（A. Majikhh）、中岛伸之（N. Nakajima）、科林斯（E. A. Collins）等在理论和实践方面做了不少工作。近几十年来，聚合物流变学发展的另一个重要特点，是将流变理论应用于橡胶、塑料、纤维等聚合物加工过程中。在塑料领域里，不仅研究热塑性塑料流变学，而且近年来还开展热固性塑料流变学的研究；在橡胶领域里，不仅研究炼胶、压延、压出，而且还研究硫化、挤压成型方面的流变问题。随着高分子物理学的发展，到20世纪50、60年代，高分子物理学中的流动性、黏弹性等内容被逐渐应用于现代聚合物材料加工与聚合过程中，扩充发展而成为聚合物流变学和聚合物加工流变学。作为高分子物理学重要分支，聚合物流变学的发展除受到力学、物理学和高分子材料学等学科发展的推动外，其几十年的快速发展主要得益于以下3个方面。

（1）工业发展的迫切需要

20世纪中叶，由于石油工业提供了丰富的原料，橡胶、塑料、纤维、涂料和黏合剂5大类合成高分子材料得到了突飞猛进的发展。这类材料具有特殊的流变性能：①流动和变形同时具有黏性和弹性；②黏弹性并非普通牛顿黏性和胡克弹性的简单线性加和，属于非线性黏弹性；③变形中会发生黏性损耗，流动时又有弹性记忆效应；④应力、应变响应复杂，应力状态会与全部形变历史有关。除此之外，聚合物的流变性还强烈依赖于材料多层次的内部结构以及流动变形过程中内部的形态和结构变化。因此要解决聚合物加工和使用过程中诸多的问题，经典的弹性和黏性理论显得不够，这为流变学的进一步发展提供了契机。

（2）科学理论的日趋成熟和计算水平的提高

随着非线性黏性理论和有限弹性理论的完善，更重要的是高性能计算机的出现，深入研究非线性弹性和流变本构方程得以实现。如：雷纳（Raynor）指出施加正比于转速平方的压力则不会出现爬杆现象；R. S. Rivlin获得了不可压缩弹性圆柱体扭转时会沿轴向伸长的精确解。近30年来，通过设计大分子流动模

聚合物流变学基础

型来获得正确描述聚合物复杂流变性的本构方程，建立材料宏观流变性质与分子链结构、聚集态结构之间的联系，从而更深刻地理解聚合物流动的微观物理本质，取得了显著的进步。

（3）流动与变形测试仪器的普及和发展

随着各式各样的流变仪，如毛细管流变仪、转矩流变仪、旋转流变仪、拉伸流变仪等的涌现，以及其他测量仪器（光散射、流动双折射等）精密化、多功能化以及普及化，我们可以方便、快捷、准确地获得聚合物的黏度、模量、分子量及其分布等参数；在流动过程中，材料的应力、应变响应及其分布也都可以准确获得。这就可以从物料函数出发归纳和检验本构方程，以指导加工设备的选型和优化加工工艺。

1.2 流变学的研究对象和方法

流变学是研究材料的流动和变形的科学，因此流变学研究的对象就是材料。这里所说的材料既包括流体形态的物质，也包括固体形态的物质。以下将对物质进行流变学上的定义。

1.2.1 流变学关于物质的定义

经典力学认为，流动与变形是两个范畴的概念，流动是液体材料的属性，而变形是固体材料的属性。液体流动时，产生永久变形，形变不可恢复，消耗能量，表现为黏性行为。而固体受到外力作用时发生弹性变形，在外力撤销后形变恢复，表现出弹性行为。且产生形变是储存能量，形变恢复时还原能量，如图 1.2 所示。通常液体流动时遵循牛顿流动定律，而固体形变时遵从胡克定律，其应力、应变之间的响应为瞬时响应。

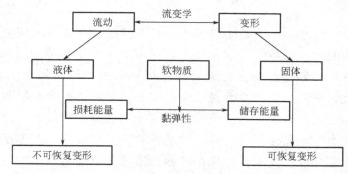

图 1.2　液体流动和固体变形的一般性对比

但是随着科学的发展，出现了不能用经典力学解释的现象。例如，如果水从喷嘴高速喷出，在液滴撞到硬墙上时，变得扁平；然后液滴弹回，在弹性和表面张力的作用下立即变回球形。在这极快的形变过程中时间（t）非常短，从而Deborah 数值（λ/t）非常高。所以，即便是低 λ 值的水，此时也表现出弹性特征。法国著名的 Chartres 大教堂的玻璃窗完工于 600 年前，其玻璃一直在"流动"。中世纪时玻璃板上、下厚度一致，但是在重力作用下，如今玻璃顶部薄如纸，而底部却比以前厚了 2 倍还多！这种足够长时间的流动过程使 Deborah 数值变得很小。因此可以说：只要耐心等待，尽管在室温下具有较高 λ 值的固体玻璃也可以被划入液体的范畴。不难发现，时间标尺是衡量流动与变形最重要的尺度之一。

因此流变学从时间的角度出发，对物质进行了新的定义，认为固体与液体两者的差别主要在于外力作用时间及观察者观测时间的尺度不同；认为流动可以视为广义的变形，而变形也可以视为广义的流动。在流变学的范畴中，固体和液体没有实质性的差别，不同之处在于它们在载荷的作用下自身所产生的响应快慢不同而已。从对物质施加应力或应变所产生的响应出发，如果对物质施加一定的应变，物质产生的应力响应时间足够短（瞬时），那么认为该物质在既定的实验条件下是固体；但如果对物质施加一定的应变，物质的应力响应在可观测的时间范围内完全松弛，那么认为在这种情况下该物质是液体。反之，从施加应力后应变响应的变化来定义物质也是一样的，如图 1.3 所示。当施加一定应力条件下，某一物质瞬间产生一个应变且达到平衡，即应变保持不变，此物质即为固体；而施加一定应力后，应变瞬间产生，但却随时间的发展而不断发展，始终无法达到平衡并最终趋于无穷大，此物质为液体。

图 1.3　流变学对物质的定义

此外，介于固体和液体之间，存在具有迥异的应力、应变响应和流变行为的"软物质"。"软物质"这一概念由法国科学家 de Gennes 在 1991 提出，主要指触摸起来感觉柔软的，对于弱的外界施加于物质瞬间的或微弱的刺激，都能做出相当显著的响应和变化的一类凝聚态物质，如图 1.2 所示。实际上，材料尤其是高分子材料往往表现出非常复杂的流变性质，它们在变形中会发生黏性损耗，流动时具有弹性记忆效应。对于这类材料，仅用牛顿流动定律或胡克定律已无法准确地描述其复杂的力学响应规律，需要发展新的方法、理论来进行研究。

1.2.2 流变学的研究方法

流变学常用的研究方法主要有以下两种。

(1) 宏观流变学

宏观流变学也称连续介质流变学或唯象流变学，是将材料当作连续介质处理，用连续介质力学的方法进行研究，是目前流变学研究最重要和主要的方法之一。它对物质的结构不做任何假设，研究具有不同结构的许多物质的共同形状，力学模型建立各种物质的本构关系的数学方程，并在给定的初始条件和边界条件下求出问题的解答。

(2) 微观流变学

微观流变学也称结构流变学或分子流变学，是从物质结构的角度出发，研究材料宏观流变性质与微观、亚微观结构的关系。

1.2.3 聚合物流变学

流变学是一门涉及多学科交叉的边缘科学。聚合物流变学，也称高分子材料流变学，是现代流变学的主要分支之一，其研究对象是聚合物流体和固体。目前聚合物流变学主要研究聚合物流体（包括高分子熔体和高分子溶液）在流动状态下的非线性黏弹行为，以及这种行为与材料结构及其他物理、化学性质的关系。聚合物流变学的研究内容与高分子物理学、高分子化学、高分子材料加工原理、高分子材料工程、连续流体力学、非线性传热理论等联系密切。粗略地，可分为聚合物结构流变学、聚合物加工流变学以及实验流变学。

(1) 结构流变学

结构流变学又称微观流变学或分子流变学。主要研究聚合物奇异的流变性质与其微观结构——分子链结构、聚集态结构之间的联系，以期通过设计大分子流动模型，获得正确描述聚合物复杂流变性的本构方程，建立材料宏观流变性质与微观结构参数之间的联系，深刻理解聚合物流动的微观物理本质。稀溶液的黏弹理论发展比较完备。由于 Rouse-Zimm-Lodge 等的贡献，已经能够根据分子结构参数定量预测溶液的流变性质。de Gennes 和 Doi-Edwards 贡献了浓体系和亚浓体系黏弹理论，将多链体系简化为一条受限制的单链体系，提出蛇行蠕动模型。结构流变学的发展对聚合物凝聚态物理基础理论的研究具有重要价值。

（2）加工流变学

加工流变学又称宏观流变学或唯象性流变学。主要研究与聚合物加工过程有关的理论与技术问题。绝大多数聚合物的成型加工都是在熔融或溶液状态下的流变过程中完成的，众多的成型方法为加工流变学带来丰富的研究课题。例如：加工条件变化与材料流动性质（主要指黏度和弹性）及产品物理、力学性质之间的关系；材料流动性质与分子结构及组分结构之间的关系；异常的流变现象如挤出胀大、熔体破裂现象发生的规律、原因及克服办法；聚合物典型加工成型操作单元（如挤出、注射、纺丝、吹塑等）过程的流变学分析；多相聚合物体系的流变性规律；模具与机械设计中的种种与材料流动性与传热性有关的问题等。

（3）实验流变学

实验流变学又称流变测量学，主要是发展流变测量的理论与测量技术。目前已经发展出的流变测量仪器主要有挤出式流变仪（毛细管流变仪、熔体指数仪）、转动式流变仪（同轴圆筒黏度计、锥板式流变仪）、振荡式流变仪、转矩流变仪、拉伸流变仪等。

人们在科学和生产实践中认识到，聚合物成型加工时，加工力场与温度场的作用不仅决定了材料制品的外观形状和质量，而且对材料分子链结构、超分子结构、聚集态结构的形成和变化有极其重要的影响，是决定聚合物制品最终结构和性能的因素。从这个意义来讲，流变学应该成为研究聚合物结构与性能关系的核心环节之一。事实上，当前流变学设计已成为聚合物分子设计、材料设计、制品设计及模具与机械设计的重要组成部分。

研究聚合物流变学的意义：①可指导聚合，以制得加工性能优良的聚合物。例如：合成所需分子参数的吹塑用高密度聚乙烯树脂，则所成型的中空制品的冲击强度高，壁厚均匀，外表光滑；增加顺丁橡胶的长支链支化并提高其分子量，可改善其抗冷流性能，避免生胶储存与运输的麻烦。②对评定聚合物的加工性能、分析加工过程、正确选择加工工艺条件、指导配方设计均有重要意义。例如：通过控制冷却水温、冷却水与喷丝孔之间的距离，可解决聚丙烯单丝不圆的问题；研究顺丁橡胶的流动性，发现它对温度比较敏感，故需严格地控制加工温度。③对设计加工机械和模具有指导作用。例如：应用流变学知识所建立的聚合物在单螺杆中熔化的数学模型，可预测单螺杆塑化挤出机的熔化能力；依据聚合物的流变数据，指导口模的设计，以便挤出光滑的制品和有效地控制制品的尺寸。

1.3 聚合物流变行为及特征

聚合物流体（熔体和溶液）在外力或外力矩作用下，表现出既非胡克弹性体，又非牛顿黏流体的奇异流变性质。它们即能流动，又有形变，既表现出反常的黏性行为，又表现出有趣的弹性行为。其力学响应十分复杂，而且这些响应还与体系内外诸多因素相关，主要的因素包括聚合物的结构、形态、组分，环境温度、压力及外部作用力的性质、大小及作用速率等。以下对聚合物典型的流变行为进行详细介绍。

1.3.1 聚合物典型的流变行为

（1）魏森贝格（Weissenberg）效应

如图 1.4 所示，将聚合物液体与小分子液体（牛顿流体）分别盛在容器中。将一根不断旋转的玻璃棒插入牛顿流体中，由于离心力的作用，液面呈凹形。而若插入聚合物熔体或溶液中，液体没有因为惯性作用而甩向容器壁附近，反而环绕在旋转棒附近，出现沿棒向上爬的"爬杆"现象，这种现象称为魏森贝格效应，又称爬杆效应、包轴效应。

出现这一现象的原因是聚合物液体是具有弹性的液体，在旋转时具有弹性的聚合物分子链将沿着圆周方向取向并出现拉伸变形，从而产生朝向轴心的压力，迫使液体沿棒爬升。

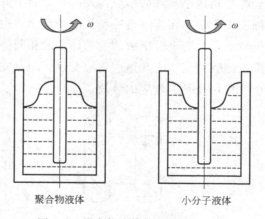

图 1.4 聚合物液体的"爬杆"现象

（2）无管虹吸现象

将玻璃管分别插入牛顿流体和聚合物溶液，当虹吸开始后，慢慢提出玻璃管并离开液面，可看到牛顿流体（N）虹吸现象中断，而聚合物浓溶液（P）则是继续呈现虹吸现象，如图1.5所示。

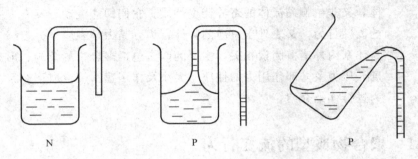

图1.5　无管虹吸效应

这一无管虹吸现象与聚合物液体的弹性行为有关，这种液体的弹性性质使之容易产生拉伸流动，而且拉伸液流的自由表面相当稳定。聚合物浓溶液和熔体都具有这种性质，因而能产生稳定的连续拉伸形变，具有良好的纺丝和成膜能力，这就是聚合物合成纤维具备可纺性的基础。

（3）剪切变稀现象

一般低分子液体的黏度小，温度确定后黏度基本不随流动状态发生变化，如室温下水的黏度约为 10^{-3} Pa·s。而聚合物液体的黏度绝对值普遍很高，一般在 $10^2 \sim 10^4$ Pa·s 范围内。另外对大多数聚合物液体而言，即使温度不发生变化，黏度也会随剪切速率（或剪切应力）的增大而下降，呈现"剪切变稀"行为。

如图1.6所示，在相同直径和长度的玻璃管中，分别装有相同量的牛顿流体和聚合物溶液，且两个管中液面的初始高度相同。若同时抽掉底板，则发现装有聚合物溶液的管中液体流动速度逐渐变快，先流完。这正是聚合物液体在重力作用下发生"剪切变稀"效应的缘故。

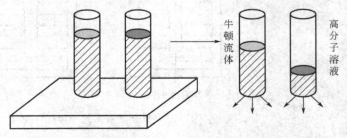

图1.6　重力作用引起聚合物液体剪切变稀的现象

聚合物流变学基础

"剪切变稀"效应是聚合物流体最典型的非牛顿流体性质，对聚合物加工制造具有极为重要的实际意义。在加工过程中，首先，我们不能用牛顿流体的黏度表达方式设计聚合物流体的输送工程，也千万不能把聚合物的静止黏度和加工中的流动黏度混为一谈。同时流动时黏度的变化还与熔体内分子取向和弹性的发展有关，这些都会影响最终制品的外观和内在质量。其次，在聚合物熔融加工过程中，在加工机械内部对于具有不同剪切速率的部位，我们则需要选择不同的温度、压力等工艺条件，如料斗、机头、螺杆、喷嘴等。

另外还有一些聚合物流体，如高浓度的聚氯乙烯塑料溶胶，在流动过程中表现出黏度随剪切速率增大而升高的反常现象，称为"剪切增稠"效应。通常把具有"剪切变稀"效应的流体称为假塑性流体，把具有"剪切增稠"效应的流体称为胀塑性流体。

（4）挤出胀大现象

挤出胀大现象又称口型膨胀效应或 Barus 效应，是指聚合物熔体被强迫挤出口模时，挤出物尺寸 D 大于口模尺寸 D_0，截面形状也发生变化的现象，如图 1.7 所示。

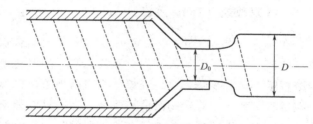

图 1.7　挤出胀大现象示意图

聚合物熔体在加工过程中从口模处挤出时，出口处的直径要大于流道的直径，有时可达到 3～4 倍，其产生的原因也被归结为聚合物熔体具有弹性记忆效应。熔体在进入口模时，受到强烈的拉伸和剪切形变，其中拉伸形变属弹性形变。这些形变在口模中只有部分得到松弛，剩余部分在挤出口模后发生弹性回复，出现挤出胀大现象。实验表明，当挤出温度升高、或挤出速度下降、或体系中加入填料而导致聚合物熔体弹性形变减小时，挤出胀大现象明显减轻。整体上，挤出胀大现象影响挤出制品的质量，而且其对挤出成型工艺、口模和机头设计至关重要。

（5）二次流现象

由于第二法向应力差的存在，聚合物流体在非圆形截面的管子中流动时，除了轴向流动外，还会出现对称于椭圆两轴线的环流，如图 1.8 所示，称为二次流。沿一边界的流动因受到横向压力（二法向应力）的作用，产生了平行于边界

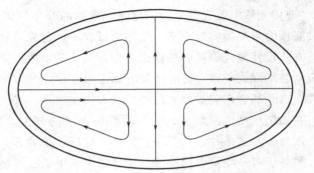

图 1.8 聚合物流体的二次流动现象

的偏移，则靠近边界的流体层由于速度较小，就比离边界较远的流体层偏移得厉害，这就导致了叠加于主流之上的二次流。因此第二法向应力差是出现二次流的必要条件。对聚合物加工来说，可以利用二次流现象进行物料各组分的分散和混合。研究结果表明，液态聚合物在均匀压力梯度下通过非圆形管道流动时会存在二次流动，但在通过截面有变化的流道时，有时也发生类似的现象，甚至更复杂的还有三次、四次流动等。

（6）减阻现象（Toms 效应）

1948 年，汤姆（Toms）在第一届国际流变学会议上公布了他的减阻实验。将少量的聚甲基丙烯酸加入管内一氯代苯溶液的湍流中，在一定流量下，管内流动的摩擦阻力显著下降，这一现象称为减阻现象，也称为 Toms 效应。

在层流状态下，聚合物溶液和溶剂两者的黏度和密度几乎差不多；然而在湍流流动时，在同样的流动速率下，溶液里的阻力比溶剂里的阻力要低得多。随着浓度趋于某个确定的值，阻力降一直是增加的，超过该浓度范围后，阻力降就不再增加了。也就是，当剪切应力达到某个临界值时，产生阻力减小，而且阻力减小开始发生的水平并不依赖于溶液的浓度和圆管的半径。通常湍流减阻现象可以使流量增大，对传热、传质有利。譬如在高速的管道湍流中，加入少许聚合物（聚氧化乙烯、聚丙烯酰胺等），则管道阻力将大为减小，如消防用水管，这样可以保证灭火的效率。另外对于水工建筑、水电站建筑中的气蚀和水锤等特殊现象，用高聚物添加剂可以减轻其破坏作用。

（7）不稳定流动和熔体破裂现象

聚合物熔体从口模挤出时，当挤出速率（或应力）过高，超过某一临界剪切速率（或临界剪切应力 σ_c），就容易出现弹性湍流，导致流动不稳定，挤出物表面粗糙。随着挤出速率的增大，可能先后出现波浪形、鲨鱼皮形、竹节形、螺旋形畸变，最后导致完全无规则的挤出物断裂，称之为熔体破裂现象，如图 1.9 所示。

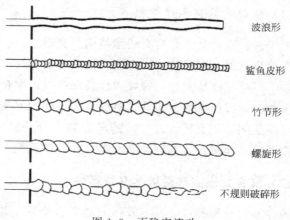

波浪形

鲨鱼皮形

竹节形

螺旋形

不规则破碎形

图 1.9 不稳定流动

目前对于发生熔体破裂的机理尚没有统一的论断，但各种理论都认为这也是聚合物熔体弹性行为的典型表现。熔体破裂现象影响着聚合物加工的质量和产率的提高。

（8）其他现象

孔压误差，指测量流体内压力时，若压力传感器端面低于流道壁面，形成凹槽，则测得的聚合物流体的内压力将低于压力传感器端面与流道壁面相平时测得的压力，这种压力测量误差称为孔压误差。这一现象产生的原因通常被认为在凹槽附近，流线发生弯曲，但法向应力差效应有使流线伸直的作用，于是产生背向凹槽的力。另外，聚合物流体流经一个弯形流道时，液体对流道内侧壁和外侧壁的压力，也会因法向应力差效应导致内侧壁所受的压力较大。

此外，聚合物流体还存在触变性和震凝性。触变性和震凝性是指等温条件下某些液体的流动黏度随外力作用时间的长短而发生变化的性质。黏度变小称触变性，变大称震凝性，或称反触变性。一些聚合物胶冻、高浓度的聚合物溶液和一些填充聚合物体系（如炭黑混炼橡胶）可归属于触变性流体；可怕的沼泽地也可归于触变性流体。而适当调和的淀粉糊、工业用的混凝土浆、某些相容性差的聚合物填充体系等则表现出震凝性。

通过对聚合物典型流变学现象的研究，使其在聚合物结构和聚合物材料加工及测定方法和实际应用中起指导作用。

1.3.2 聚合物流变行为的特征

相比较小分子流体，聚合物的流变性特征有以下特点。

(1) 聚合物具有多样性和多元性

由于聚合物的分子结构有线型结构、交联结构、网状结构等，其分子链可以是柔性的也可以是刚性的，因此流变性具有多样性。固体高聚物的变形在不同环境条件下可呈现线性弹性、橡胶弹性及黏弹性，聚合物溶液和熔体的流动可呈现线性黏性、非线性黏性、塑性、触变性等不同的流变行为。另外，聚合物的运动单元可以是侧基、支链、链节、链段和整个分子链；运动方式可以是振动、转动、移动等，即聚合物的运动具有多元性与多重性。

(2) 聚合物形态对温度具有依赖性

聚合物的变形和流动具有较强的温度依赖性。温度对聚合物的影响表现在两个方面：一方面温度升高可以使运动单元动能增加，令其活化；另一方面，温度升高，体积膨胀，提供了运动单元可以活动的自由空间，使松弛过程加快，松弛时间变短，保证在较短时间内观察到松弛现象。

同一聚合物当温度低于玻璃化转变温度（T_g）时处于玻璃态，不能运动；当温度高于 T_g 而小于黏流温度（T_f）时，聚合物处于高弹态，链段开始运动；当温度高于 T_f 时，聚合物处于黏流态，分子链开始运动。也就是高聚物的运动具有温度依赖性。

(3) 聚合物形态对时间具有依赖性

聚合物的变形和流动具有较强的时间依赖性。同一聚合物在短时间应力作用下呈现弹性形变，而在较长时间作用下则呈现黏性变形。这与聚合物的长链分子结构以及分子链之间的缠结相关。

1.4　流变学基本概念

1.4.1　流体形变的基本类型

一定意义上讲，流体所有的流变现象都是力学行为，因此流变学也可定义为从应力、应变、温度和时间等方面来研究物质形变与流动的物理力学，其核心问题是找出流体变形时应力与应变或其二者速率之间的关系。在描述流变学基本物理量时，经常采用一些理想化、简化的模型，来定义流体的应力、应变和应变速率。我们先假定流体是均匀、各向同性的，所受的应力及发生的应变也是均匀、各向同性的，即应力、应变与坐标无关。通常可以把流体的形变类型分为最基本的三类：拉伸、各向同性的压缩和膨胀以及简单剪切和简单剪切流。以下就对流体形变的这三种基本类型进行逐一分析。

这里，我们把流场中的流体包括聚合物流体作为连续介质来处理。所谓连续介质，就是由具有确定质量的、连续地充满空间的众多微小质点组成，这些质点也称流体微团或流体元。以下的讨论中主要以流体元为基础进行分析。

（1）拉伸

拉伸可分为单轴拉伸和双轴拉伸，这里我们只分析简单（单轴）拉伸。在简单拉伸实验中，流体元的变形特点是一个方向上被拉长，其余两个方向因这一拉长而缩短。

例如，一个具有矩形截面的流体元，其边长分别为 L、M、N，如图1.10所示。拉伸后，流体元在拉伸方向上伸长，而在另外两个方向上则收缩，边长分别变为 L'、M'、N'，假设 λ 为伸长比，μ 为收缩比，则 $L'=\lambda L$，$M'=\mu M$，$N'=\mu N$。若 V_0 为流体元初始体积，V 为变形后的体积，则流体元的体积变化为：

$$\frac{V}{V_0}=\lambda\mu^2 \tag{1-1}$$

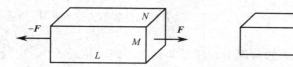

图1.10　简单拉伸示意图

以 ε 表示拉伸方向的长度增量分数，δ 表示侧边长的长度减量分数，即：

$$\varepsilon=\frac{L'-L}{L}=\lambda-1, \quad \delta=\frac{M'-M}{M}=\frac{N'-N}{N}=1-\mu \tag{1-2}$$

则有：

$$\lambda=\varepsilon+1 \tag{1-3}$$
$$\mu=1-\delta \tag{1-4}$$

因此把 ε 称为应变，通常用它来表示变形。同时流体元的体积也在变化，其体积的变化分数为：

$$\Delta V/V_0=(\varepsilon+1)(1-\delta)^2-1 \tag{1-5}$$

若形变较小，$\varepsilon\ll1$，$\delta\ll1$，则：

$$\Delta V/V_0\approx\varepsilon-2\delta \tag{1-6}$$

显然，拉伸时，$\lambda>1$，$\mu<1$，则 $\varepsilon>0$，$\delta>0$；而压缩时，$\lambda<1$，$\mu>1$，则 $\varepsilon<0$，$\delta<0$。这种变形是均匀的，即试样内任一体积元都经历完全相同的变形过程。

对拉伸流动来说，位移是时间的函数，其变形也可以用拉伸应变速率 $\dot{\varepsilon}$ 来表示，定义如下：

$$\dot{\varepsilon} = \frac{\mathrm{d}\varepsilon}{\mathrm{d}t} \qquad (1\text{-}7)$$

（2）各向同性的压缩与膨胀

在各向同性膨胀中，流体元变为几何形状相似但尺寸变大的流体元；而各向同性的压缩则正好相反，流体元变为几何形状相似但尺寸减小的流体元。

以一个形状为立方柱体流体元为例进行分析，其边长分别为 a、b、c（如图 1.11 所示），各向同性膨胀后，各边长变为 a'、b'、c'。每条边长增加的倍数相同，即 $a'=\alpha a$，$b'=\alpha b$，$c'=\alpha c$。则若 $\alpha>1$，流体元膨胀；若 $\alpha<1$，流体元收缩。α 称为膨胀比或压缩比，是描述变形的一个参数，α^3 表示体积的变化。

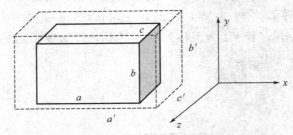

图 1.11 各向同性膨胀实验示意图

但是，在多数情况下，变形非常小，即 α 接近于 1，应变 ε 表示为：

$$\varepsilon = \frac{a'-a}{a} = \frac{b'-b}{b} = \frac{c'-c}{c} = \alpha - 1 \qquad \varepsilon \ll 1 \qquad (1\text{-}8)$$

式中，ε 是边长变化量与原始长度之比；$\varepsilon>0$，试样膨胀；$\varepsilon<0$，试样被压缩。

（3）剪切

在剪切实验中，如图 1.12 所示，流体元的顶面相对于底面发生位移 w，而高度 l 保持不变，使得原来与底面垂直的一边在变形后与其原来位置构成一定的角度 θ。可以用 γ 来表示变形：

$$\gamma = w/l = \tan\theta \qquad (1\text{-}9)$$

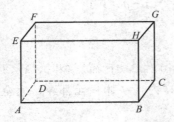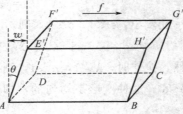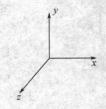

图 1.12 简单剪切示意图

γ 称为剪切应变，在剪切作用下样品内部流体元的变形也是均匀的。如果应变很小，即 $\gamma \ll 1$，则可近似地认为 $\gamma \approx \theta$。

对简单剪切流动来说，发生位移 w 是时间的函数，则剪切变形也可以用剪切速率 $\dot{\gamma}$ 来表示，定义如下：

$$\dot{\gamma} = \frac{\mathrm{d}\gamma}{\mathrm{d}t} \tag{1-10}$$

1.4.2 张量

（1）基本概念

用数学方法处理流体流动和变形时，经常用的物理量是标量、矢量、张量等。其中，张量是最重要的一类物理量，以下对相关概念进行基本的阐释。

标量，亦称"无向量"，是指只具有数值大小，而没有方向的物理量，如温度、质量、密度、功、能量、路程、速率、体积、时间、热量、电阻、功率、势能、引力势能、电势能等物理量。矢量，亦称"向量"，既有大小又有方向，即在选定了测量单位之后，由数值大小和空间方向决定的物理量，如位移、动量等。张量则是矢量的推广，是比矢量更复杂的物理量，是指在空间某一点处不同方向上有其不同量值的物理量。张量这一术语起源于力学，它最初是用来表示弹性介质中各点应力状态的，后来张量理论发展成为力学和物理学的一个有力的数学工具。并且，它可以满足一切物理定律必须与坐标系的选择无关的特性。张量概念是矢量概念的推广，矢量是一阶张量。在数学上，张量定义为在一些向量空间和一些对偶空间的笛卡儿积上的多线性函数，其坐标在 $|n|$ 维空间内，有 $|n|$ 个分量的一种量，其中每个分量都是坐标的函数，而在坐标变换时，这些分量也依照某些规则作线性变换。

张量可以用坐标系来表达，记作标量的数组，可以用矩阵来表示。用 1 个分量来描述的张量称为零阶张量，即是标量；3 个分量描述的称为一阶张量，即是矢量；9 个分量描述的称为二阶张量，在笛卡儿坐标系中还可以定义三阶、四阶、五阶（$3^3 = 27$，$3^4 = 81$，$3^5 = 243$）张量。在流变学中，常见的张量有应力张量、应变速率张量、旋转张量、构象张量、界面张量、面积张量等。

（2）应力张量

应力张量与应变张量是流变学中最重要的物理量之一。应力张量是指应力状态的数学表示，而应变张量是指应变状态的数学表示。为分析应力张量，首先需要利用连续介质力学的观点，分析三维空间中流体元的受力情况，需要了解什么是应力。根据连续介质力学的观点，物质所受的任何力都可以分成以下 3 种类型。

① 外力　将考察的物体看做一个系统，由系统之外的物体对这个系统的作

用力称为外力。也就是说，外力是指作用在物体上的非接触力，也称长程力。例如，地球重力场、太阳辐射、电场与磁场的作用力等。

② 表面力　指作用在所研究流体外表面上与表面积大小成正比的力，也就是周围流体作用于分离体表面上的力。表面力是施加在物体表面的接触力，是物体内的一部分通过假想的分隔面作用在相邻部分上的力，即外力向物体内传递。表面力与流体的表面积成正比。作用于流体中任一微小表面上的力又可分为两类，即垂直于表面的力和平行于表面的力；前者为压力，后者为剪力（切力）。静止流体只受到压力的作用，而流动流体则同时受到两类表面力的作用。表面力可以分为沿表面内法向的法向分力和沿着表面切向的摩擦力。

③ 应力　物体由于外因（受力、湿度、温度场变化等）而变形时，在物体内各部分之间产生相互作用的内力，以抵抗这种外因的作用，并试图使物体从变形后的位置恢复到变形前的位置。想象将一物体分割成为许多微观尺度足够小的单元，在所考察的单位表面存在着相互作用力（内力），此单元称为微元，也叫体积元，这种作用力称为应力。即应力是由毗邻的流体质点直接施加给所研究的微元体表面的接触力，又称为近程力。同截面垂直的应力称为正应力或法向应力，同截面相切的应力称为剪应力或切应力。

以体积为 V 的连续体系 B 为例，进一步分析应力。假定在 B 的内部有一个闭合曲面 S，如图 1.13 所示。S 外部与 S 内部的物质间存在两种相互作用：一类是由于外力作用引起的体力，可以表示为单位质量的力；另一类是由于经过边界面 S 的作用所引起的力，称为面力。在曲面 S 上取表面微元 ΔS，自微元上一点作垂直于 ΔS 的单位法向矢量 $\boldsymbol{n}$，其方向由曲面 S 的内部指向外部。以 $\boldsymbol{n}$ 的方向为正面，正面部分物质对于负面部分物质的作用力为 ΔF。力 ΔF 与 ΔS 位置、大小以及单位法向量 $\boldsymbol{n}$ 的方向有关。假定 $\Delta S \to 0$，比值 $\Delta F/\Delta S$ 趋于一个确定的极限 $\mathrm{d}F/\mathrm{d}S$，并且根据柯西应力原理可以认为，作用在曲面上的力绕面积内任一点的力矩在极限状态下等于零。极限向量 $\boldsymbol{T}$ 可写为：

$$\boldsymbol{T} = \frac{\mathrm{d}F}{\mathrm{d}S} \tag{1-11}$$

极限向量 $\boldsymbol{T}$ 称为面力，或应力向量，代表作用在面上的单位面积的力。

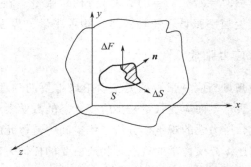

图 1.13　微元体闭合曲面上的受力分析

形变和流动都是由于应力的作用引起的。为了更好地认识应力，可引入张量的概念来表示某一点处的应力状态。在笛卡儿坐标系中，可以将某点的作用力分解在该点附近的 3 个互相垂直的微分面上，微分面的方向与选择的坐标方向相同，如图 1.14 所示。如果将 3 个面上的力 F_x、F_y、F_z 除以微体积元对应的表面积后，得到相关的应力 T_x、T_y、T_z，再沿坐标方向进行分解，得到的分量形式为：

$$T_1 = (T_{xx}, T_{xy}, T_{xz})$$
$$T_2 = (T_{yx}, T_{yy}, T_{yz})$$
$$T_3 = (T_{zx}, T_{zy}, T_{zz})$$

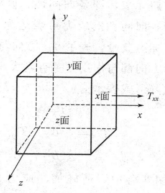

图 1.14 体积元微分面上力的表示方法

下标的第一个表示该应力作用的面，第二个表示该应力的方向。例如 T_{xy} 就表示作用在 x 面上、y 方向的应力，且应力的方向（y）与作用面（x）垂直。若两个下标相同，表示为该作用面的应力法向分量，如 T_{xx}、T_{yy}、T_{zz}。在笛卡儿坐标系中，确定 3 个面上的应力分量，或 3 个方向上的应力矢量，就可以完整描述材料的受力情况。也就是在笛卡儿坐标系中，分析 9 个应力分量就可以确定穿过物体内任意微元的应力，且应力分量可以写成矩阵的形式：

$$\boldsymbol{T} = \begin{bmatrix} T_{xx} & T_{xy} & T_{xz} \\ T_{yx} & T_{yy} & T_{yz} \\ T_{zx} & T_{zy} & T_{zz} \end{bmatrix} \tag{1-12}$$

$\boldsymbol{T}$ 则称为应力张量，而 T_{ij} 称为应力张量分量。

进一步，应力张量也可以分解为和流体的形变有关的动力学应力（τ）以及张量的各向同性部分 $-P$ 两部分，其中 τ 又称为偏应力张量。因此用这两部分表示的应力张量为：

$$\boldsymbol{T} = -P\boldsymbol{\delta} + \tau \tag{1-13}$$

$$T_{ij} = -P\delta_{ij} + \tau_{ij} \tag{1-14}$$

式中，$\boldsymbol{\delta}$ 称为单位张量，各向同性应力 $-P$ 一般称为流体静压力。当 $i = j$

时，应力分量就是法向应力，其他分量称为剪切应力。

在简单流变实验中，几种基本形变类型中的应力张量也可以有相应的矩阵形式。

① 简单拉伸实验中，在一个矩形断面的试样上施加一个与端面垂直的力 F，如图 1.10 所示，其应力张量可以表示为：

$$\boldsymbol{T} = \begin{bmatrix} T_{xx} & 0 & 0 \\ 0 & 0 & 0 \\ 0 & 0 & 0 \end{bmatrix} \tag{1-15}$$

② 各向同性压缩实验中，应力矢量总是与分隔面垂直，且在某给定点上的大小与分隔面方向无关，即各向同性。设 n 是与分隔面垂直且方向向外的一个单位矢量，这种各向同性的应力可表达为 $T_n = -nP$，式中，P 为压力，是正值，所以在式前加上负号，表示 T_n 方向与 n 相反，是向内的。各向同性压缩实验的应力在任何方向都与作用面垂直且大小相同，$T_{xx} = T_{yy} = T_{zz} = P$，在笛卡儿坐标系中以矩阵形式表示为：

$$T_{ij} = \begin{bmatrix} T_{xx} & 0 & 0 \\ 0 & T_{yy} & 0 \\ 0 & 0 & T_{zz} \end{bmatrix} = P\delta_{ij} \tag{1-16}$$

③ 简单剪切实验中，所施加的应力与作用面平行，如图 1.12 所示，假定剪切力 f 作用在 y 面上，方向是 x 方向，$T_{yx} = f/S$，其中 S 为作用面的面积。此时应力张量可表示为：

$$T_{ij} = \begin{bmatrix} 0 & T_{xy} & 0 \\ T_{yx} & 0 & 0 \\ 0 & 0 & 0 \end{bmatrix} \tag{1-17}$$

(3) 应变张量

由于当给物体施加一个力后，物体最直观的表现就是变形，因此应变张量也是流变学中极其重要的一个变量，用于描述流体的形变。在理论上常采用位移矢量来描述变化，其物理意义是物体内某质点的位置变化。暂时不考虑整个物体的平动和转动，假设物体的形变仅由内部质点的相对位移所贡献。则在笛卡儿坐标系中，假定点 P_1，变形前坐标位置为 (x, y, z)，点 P_2 是无限接近 P_1 的点，引入无限小量 dx、dy 和 dz 后，变形前 P_2 坐标位置表示为 $(x+dx, y+dy, z+dz)$；并且在变形后分别迁移到 P_1' 与 P_2'，两个点的坐标位置分别为 $(x+u_x, y+u_y, z+u_z)$ 与 $(x+dx+u_x+du_x, y+dy+u_y+du_y, z+dz+u_z+du_z)$，如图 1.5 所示。则变形前点 P_1 和 P_2 的相对位置可用矢量表示为 $\boldsymbol{P_1P_2} = (dx, dy, dz)$；变形后点 P_1 和 P_2 的相对位置可用矢量表示为 $\boldsymbol{P_1'P_2'} = (dx + du_x, dy + du_y, dz + du_z)$。显然，当质点 P_1 和 P_2 无限接近，它们之间的距

离为 $ds=(dx, dy, dz)$，而变形后产生的相对位移为 $du=(du_x, du_y, du_z)$。

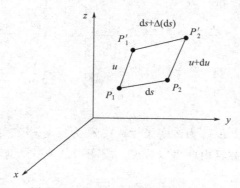

图 1.15　变形前后质点的相对位移

变形前后 P_1 和 P_2 的相对位置发生了变化，其变化量 du_x、du_y、du_z 分别为相对位移在 3 个坐标轴上的分量：

$$du_x = \frac{\partial u_x}{\partial x}dx + \frac{\partial u_x}{\partial y}dy + \frac{\partial u_x}{\partial z}dz \tag{1-18}$$

$$du_y = \frac{\partial u_y}{\partial x}dx + \frac{\partial u_y}{\partial y}dy + \frac{\partial u_y}{\partial z}dz \tag{1-19}$$

$$du_z = \frac{\partial u_z}{\partial x}dx + \frac{\partial u_z}{\partial y}dy + \frac{\partial u_z}{\partial z}dz \tag{1-20}$$

显然，当质点 P_1 和 P_2 无限接近，它们之间的距离为 $ds=(dx,dy,dz)$，而变形后产生的相对位移为 $du=(du_x,du_y,du_z)$。

把上述 3 个微分方程的 9 个系数移出，重新排列可以得到 9 个元素的二阶张量，称为无穷小位移梯度张量：

$$\frac{d\boldsymbol{u}}{d\boldsymbol{s}} = \begin{bmatrix} \dfrac{\partial u_x}{\partial x} & \dfrac{\partial u_x}{\partial y} & \dfrac{\partial u_x}{\partial z} \\[2mm] \dfrac{\partial u_y}{\partial x} & \dfrac{\partial u_y}{\partial y} & \dfrac{\partial u_y}{\partial z} \\[2mm] \dfrac{\partial u_z}{\partial x} & \dfrac{\partial u_z}{\partial y} & \dfrac{\partial u_z}{\partial z} \end{bmatrix} \tag{1-21}$$

式中，$\dfrac{\partial u_x}{\partial x}$，$\dfrac{\partial u_y}{\partial y}$ 和 $\dfrac{\partial u_z}{\partial z}$ 分别表示 x，y 和 z 轴方向上的位移的变化率；其他 6 个元素则表示在不同坐标方向上的剪切变形，也就是位移相对于坐标的变化率。

进一步根据矩阵的运算规则，无穷小位移梯度张量可分解为两部分：

$$\frac{\mathrm{d}u}{\mathrm{d}s} = \begin{bmatrix} \dfrac{\partial u_x}{\partial x} & \dfrac{1}{2}\left(\dfrac{\partial u_x}{\partial y}+\dfrac{\partial u_y}{\partial x}\right) & \dfrac{1}{2}\left(\dfrac{\partial u_x}{\partial z}+\dfrac{\partial u_z}{\partial x}\right) \\ \dfrac{1}{2}\left(\dfrac{\partial u_y}{\partial x}+\dfrac{\partial u_x}{\partial y}\right) & \dfrac{\partial u_y}{\partial y} & \dfrac{1}{2}\left(\dfrac{\partial u_y}{\partial z}+\dfrac{\partial u_z}{\partial y}\right) \\ \dfrac{1}{2}\left(\dfrac{\partial u_z}{\partial x}+\dfrac{\partial u_x}{\partial z}\right) & \dfrac{1}{2}\left(\dfrac{\partial u_z}{\partial y}+\dfrac{\partial u_y}{\partial z}\right) & \dfrac{\partial u_z}{\partial z} \end{bmatrix} + \begin{bmatrix} 0 & \dfrac{1}{2}\left(\dfrac{\partial u_x}{\partial y}-\dfrac{\partial u_y}{\partial x}\right) & \dfrac{1}{2}\left(\dfrac{\partial u_x}{\partial z}-\dfrac{\partial u_z}{\partial x}\right) \\ \dfrac{1}{2}\left(\dfrac{\partial u_y}{\partial x}-\dfrac{\partial u_x}{\partial y}\right) & 0 & \dfrac{1}{2}\left(\dfrac{\partial u_y}{\partial z}-\dfrac{\partial u_z}{\partial y}\right) \\ \dfrac{1}{2}\left(\dfrac{\partial u_z}{\partial x}-\dfrac{\partial u_x}{\partial z}\right) & \dfrac{1}{2}\left(\dfrac{\partial u_z}{\partial y}-\dfrac{\partial u_y}{\partial z}\right) & 0 \end{bmatrix}$$

$$= E + W \tag{1-22}$$

式中，E 称为应变张量；W 称为反对称二阶张量，表示位移梯度张量的旋转部分。并且由此可以看出，应变张量是一个对称的二阶张量。

若令
$$e_{xx}=\frac{\partial u_x}{\partial x}, \quad e_{yy}=\frac{\partial u_y}{\partial y}, \quad e_{zz}=\frac{\partial u_z}{\partial z}$$

且
$$e_{xy}=e_{yx}=\frac{1}{2}\left(\frac{\partial u_x}{\partial y}+\frac{\partial u_y}{\partial x}\right)$$

$$e_{xz}=e_{zx}=\frac{1}{2}\left(\frac{\partial u_x}{\partial z}+\frac{\partial u_z}{\partial x}\right)$$

$$e_{yz}=e_{zy}=\frac{1}{2}\left(\frac{\partial u_y}{\partial z}+\frac{\partial u_z}{\partial y}\right)$$

则应变张量 E 可以简化为：

$$E = e_{ij} = \begin{bmatrix} e_{xx} & e_{xy} & e_{xz} \\ e_{yx} & e_{yy} & e_{yz} \\ e_{zx} & e_{zy} & e_{zz} \end{bmatrix} \tag{1-23}$$

基于应变张量还可以进一步分析流体流动过程中的应变速率张量。用质点速率矢量 $v = \mathrm{d}u/\mathrm{d}t = \dot{u}$ 来代替位移矢量 u，即可得到应变速率张量。

$$v = \begin{bmatrix} \dfrac{\partial v_x}{\partial x} & \dfrac{1}{2}\left(\dfrac{\partial v_x}{\partial y}+\dfrac{\partial v_y}{\partial x}\right) & \dfrac{1}{2}\left(\dfrac{\partial v_x}{\partial z}+\dfrac{\partial v_z}{\partial x}\right) \\ \dfrac{1}{2}\left(\dfrac{\partial v_y}{\partial x}+\dfrac{\partial v_x}{\partial y}\right) & \dfrac{\partial v_y}{\partial y} & \dfrac{1}{2}\left(\dfrac{\partial v_y}{\partial z}+\dfrac{\partial v_z}{\partial y}\right) \\ \dfrac{1}{2}\left(\dfrac{\partial v_z}{\partial x}+\dfrac{\partial v_x}{\partial z}\right) & \dfrac{1}{2}\left(\dfrac{\partial v_z}{\partial y}+\dfrac{\partial v_z}{\partial z}\right) & \dfrac{\partial v_z}{\partial z} \end{bmatrix} \tag{1-24}$$

为了表示方便，将以上二阶张量简写为 $\dot{e}_{ij}$：

$$\dot{e}_{ij} = \begin{bmatrix} \dot{e}_{xx} & \dot{e}_{xy} & \dot{e}_{xz} \\ \dot{e}_{yx} & \dot{e}_{yy} & \dot{e}_{yz} \\ \dot{e}_{zx} & \dot{e}_{zy} & \dot{e}_{zz} \end{bmatrix} \tag{1-25}$$

1.4.3　本构方程

　　本构方程（constitutive equation）又称流变状态方程，是描述应力分量与应变分量（或应变速率分量）之间关系的方程，也可以说是描述一大类材料所遵循的与材料结构属性相关的力学相应规律的方程。由于它是反映流变过程中材料本身结构特征的，所以称之为本构方程。本构方程可以用来描述理想状态下的材料流变行为，它侧重于材料的力学分析，是反映物质宏观性质的数学模型。

　　不同材料以不同的本构方程表现其最基本物性，因此建立有关物质的本构关系是连续介质力学和流变学的重要研究课题。最为熟知的本构关系有胡克定律（Hooke's law）、牛顿黏性定律、理想气体状态方程、热传导方程等。对聚合物流变学来讲，寻求能够正确描述聚合物流体非线性黏弹性相应规律的本构方程是最重要的中心任务，这也是建立聚合物流变学理论的基础。

　　为了反映物质材料的客观性、普适性，本构方程不能依赖坐标系，它与观察者的位置无关，因此要以张量来分析描述，忽略无限远的物质点或远程的形变对其的影响，建立本构方程必须遵循以下基本原理。

　　① 确定性原理：应力由形变历史决定，物质微元在现在时刻 t 的应力状态，由该微元在此以前的全部形变历史决定，即全部形变的一个泛函。

　　② 局部作用原理：物体内某点 p 在时刻 t 的应力状态，仅由该点周围无限小领域的形变历史单值来决定。该原理保证了应力分布的连续性。但是这种连续性并不代表均一性。物体内各点的应力-应变关系可以不同。该原理反映了近程相互作用。

　　③ 物质客观性原理：与所有物理规律相同，人们建立的本构方程必须与坐标系的选择无关。即在不同的惯性参考系中，本构方程的基本形式应当相同。这条原理保证了所建立的本构方程与自然科学发展至今所有已知的基本守恒定律是相容的，这是最具限制性也是最有用的一条原理。

　　符合上述基本原理的流体称"简单流体"或"记忆流体"。若考虑更复杂的情况，本构方程的数目就相应增多。求解连续介质动力学初边值问题，本构关系是不可少的；否则就无法把握所研究连续介质的特殊性，在数学上表现为控制方程不封闭，其解不能唯一确定。建立物质的本构关系是流变学的重要任务，可通过实验方法、连续介质力学方法和统计力学的有机结合来完成。然而，尚未找到一个普适的本构关系，需根据研究对象和流动形态选用合适的本构关系。理性力学除对本构关系进行一般的研究外，还对弹性物质、黏性物质、塑性物质、黏弹性物质、黏塑性物质、弹塑性物质以及热和力耦合、电磁和力耦合、热和力以及电磁耦合等物质的本构关系进行具体研究。

　　本构方程有不同的分类方法。例如，按材料的性质，可以分为纯黏性流体本构方程、黏弹性流体本构方程、对时间有依赖关系的流体的本构方程。按数学形式来分，有微分型、积分型、率型。微分型是把应力表示为运动量各阶导数的形式，发展得较早，便于进行边值问题处理，但这类方程中缺乏黏弹性流体最特征的衰减记忆，只适用于弹性很弱的流体；积分型，其形式上是应力用整个形变（或应变）历史的积分来表示，近年一直在努力发展显式的积分模型；率型，即在微分型方程中再包含应力的时间倒数，在形式上含有一个或多个应力张量导数或形变速率张量导数或二者兼有之，这类方程对各种流变现象有较强的描述能力。

寻求流变本构方程的基本方法大致可分为唯象性方法和分子论方法两种。唯象性方法，一般不追求材料的微观结构，而是强调实验事实，现象性地推广流体力学、弹性力学、高分子物理学中关于线性黏弹性本构方程的研究成果，直接给出描写非线性黏弹流体应力、应变、应变速率间的关系。以本构方程中的参数（如黏度、模量、松弛时间等），表征材料的特性。分子论方法，重在建立能够描述聚合物大分子链流动的正确模型，研究微观结构对材料流动性的影响。采用热力学和统计学方法，将宏观流变性质与分子结构参数（如分子量、分子量分布，链段结构参数等）联系起来。为此首先提出能够描述大分子链运动的正确模型是解决问题的关键。

本构方程有以下三种作用。

① 本构方程可以区分流体类型，即不同类型的流体使用不同类型的本构方程来描述。

② 从本构方程可以获得流体内部结构的信息，如相变等。

③ 本构方程与流动方程相关联可用于解决非牛顿流体的动量、热量、质量传递等工程问题。

从三种基本理论出发可以开发出本构关系。一为连续介质力学理论，即将物质看作连续介质，借助以往的知识描述介质对应力和应变的响应；二为流变学分子理论，即从物质的分子结构观点描述介质的行为，有时又称为结构流变学，往往为高分子化学研究所用；三为近年兴起的从不可逆热力学观点，描述介质对应力和应变的响应。

第2章 聚合物流体的黏性与弹性

2.1 流体的流动类型

聚合物流体在一定条件下的流速、外部作用形式、流道的几何形状和热量传递情况的不同，可表现出不同的流动类型。分析流体的流动类型，认识聚合物流体的多样流动类型和非牛顿流体的流变行为，是研究聚合物流体变化规律的前提。

2.1.1 层流和湍流

当流速很小时，流体分层流动，相邻两层流体间只作相对滑动，流层间互不混合，称为层流，也称为稳流或片流。逐渐增加流速，流体的流线开始出现波浪状的摆动，摆动的频率及振幅随流速的增加而增加，此种流况称为过渡流。当流速增加到很大时，流线不再清楚可辨，流场中有许多小漩涡，层流被破坏，相邻流层间不但有滑动，还有混合，这时的流体作不规则运动，有垂直于流管轴线方向的分速度产生，这种运动称为湍流，又称为乱流、扰流或紊流。通常用雷诺数（Re）来区分，Re 的定义式为：

$$Re = \frac{F_g}{F_m} = \frac{\rho s v^2}{\frac{s}{d} \eta v} = \frac{\rho v d}{\eta} \tag{2-1}$$

式中，F_g 为惯性力；F_m 为黏性力；ρ 为液体密度；v 为液体流速；d 为管道直径；η 为流体黏度。

式（2-1）表明，雷诺数与管径大小、流速、流体密度与流体黏度有关。雷诺数是一个无因次准数，故其值不会因采用不同的单位制而不同。但是需要注意数群中各物理量必须采用同一单位制。

一般认为，当流体的 $Re \leqslant 2300$ 时为层流，而当 $Re > 2300$ 时，为湍流运动。一般工程上认为，流体在圆管内流动时，当 $Re \leqslant 2000$，则流动为层流；当 $Re \geqslant 4000$，则圆管内形成湍流；当 $2000 < Re < 4000$ 范围内，流动处于一种过渡状态，可能处于层流，也可能处于湍流，或是两者交替出现，主要受外界干扰影响，这一范围也称为过渡流，如图 2.1 所示。

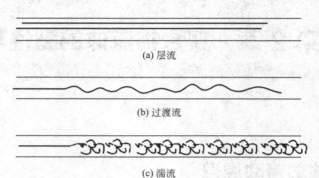

(a) 层流

(b) 过渡流

(c) 湍流

图 2.1 管子中水的流动状态

通常聚合物的 $Re \ll 1$，所以一般呈层流状态。但是，在某些特殊的加工过程中，譬如熔体经小的浇口注射进大的型腔，由于剪切应力过大的原因，会出现弹性引起的湍流，造成熔体破裂。

2.1.2 稳定流动和不稳定流动

流体流动时，若任一点处的流速、压力、密度等与流动有关的流动参数（一切影响流体流动的因素）都不随时间而变化，就称这种流动为稳定流动。反之，只要有一个流动参数随时间而变化，就属于不稳定流动。

稳定流动并非是指流体在各部位的速度以及物理状态都相同，而是指在一定部位，它们均不随时间变化。例如正常操作的挤出机中，塑料熔体沿螺杆螺槽向前流动属于稳定流动，因其流速、压力、密度等参数都不随时间而变化。

2.1.3 等温流动和非等温流动

等温流动是指流体各处温度保持不变情况下的流动，在等温流动状态下，流体与外界可以进行热量传递，但传入与传出热量应保持相等。非等温流动是指流体各处温度不同的流动。

在塑料成型的实际条件下，聚合物熔体的流动一般呈现非等温状态。一方面是由于成型工艺有要求将流程各区域控制在不同的温度下；另一方面，是黏性流

聚合物流变学基础

动过程中有生热和热效应。这些都使流体在流道径向和轴向存在一定的温度差。塑料注射成型时，熔体在进入低温的模具后就开始冷却降温，但将熔体充模过程的流变分析大为简化。

2.1.4 一维流动、二维流动和三维流动

当流体在流道内流动时，由于外力作用方式和流道几何形状的不同，流体内质点的速度分布具有不同的特征。

(1) 一维流动

流体内质点的速度仅在一个方向上变化。在流道截面上，任何一点的速度只需用一个垂直于流动方向的坐标表示。例如聚合物熔体在等截面的圆管内进行层流流动时，其速度分布仅是圆管半径的函数，如图 2.2 所示。

图 2.2 聚合物熔体在圆管内的一维流动

(2) 二维流动

流道截面上各点的速度需用两个垂直于流动方向的坐标表示。例如：流体在矩形截面通道中流动时，其流速在通道高度和宽度两个方向均发生变化，是典型的二维流动，如图 2.3 所示。

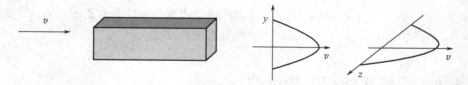

图 2.3 矩形截面通道内的二维流动示意图

(3) 三维流动

质点速度不仅沿通道界面的纵横两个方向变化，而且也沿主流动方向变化，流体的流速要用三个互相垂直的坐标表示。例如：流体在截面变化的通道

中流动，如锥形通道，如图 2.4 所示。

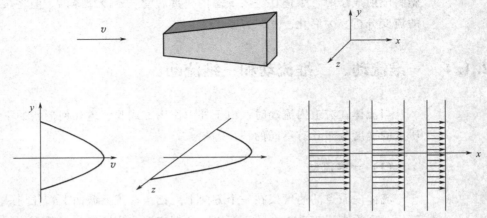

图 2.4　锥形通道中的三维流动示意图

　　二维和三维流动的规律在数学处理上，比一维流动复杂得多。但是有的二维流动，如平行板狭缝通道和间隙很小的圆环通道中的流动，按一维流动进行近似处理，不会有很大的误差。

2.1.5　拖曳流动和压力流动

　　剪切流动根据流动的边界条件可分为拖曳流动和压力流动。拖曳流动也称库埃特流动，是指由边界的运动而产生的流动，也就是对流体流动没有施加压力梯度，即在黏性的影响下边界的拖动使流体一起运动。例如运转的滚筒表面对流体的剪切摩擦而使流体产生流动，压延成型片材加工中流体的流动。

　　压力流动，也称泊肃叶流动，是指有外压力作用于流体而产生的流动。聚合物流体在类似圆形管的流道中因受压力作用而产生的流动就是典型的压力流动。另外塑料熔体注射成型和挤出成型等，在流道内的流动属于压力梯度引起的剪切流动。压力流动的特点：①流动的流道边界是刚性和静止不动的；②聚合物流体受压力推动，受剪切作用；③表现稳态流动特征。

2.1.6　拉伸流动和剪切流动

　　流体流动时，即使流动状态为层状稳定流动，流体内各点的速度并不完全相同。质点速度的变化方式称为速度分布。按照流体内质点速度分布与流动方向的关系，可将聚合物加工时的熔体流动分为拉伸流动与剪切流动。

　　拉伸流动指质点速度仅沿流动方向发生变化，如图 2.5 所示的单轴拉伸，此外还有双轴拉伸。单轴拉伸的特点是一个方向被拉长，另一个方向则缩小。双轴拉伸同时沿纵横两个方向拉伸取向。这种流动方式常见于塑料的中空吹塑、薄片生产等。

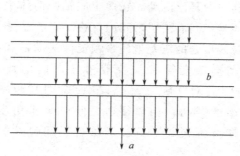

图 2.5 拉伸流动示意图

a—流动方向；b—速度变化方向

剪切流动则是指质点速度仅沿与流动方向垂直的方向发生变化，如图 2.6 所示。

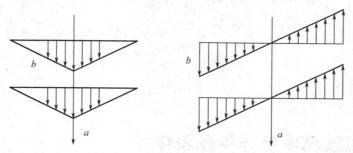

图 2.6 剪切流动示意图

a—流动方向；b—速度变化

简单剪切流动又称测黏流动，指在两个无限大的平行板之间充满液体，其中一板固定，另一板平行移动（速率为 v_{max}）。流体在此移动板曳引作用下所形成的流动称为简单剪切流动，如图 2.7 所示。从图中可以看出，在直角坐标系中，$y=0$ 处，流体是静止的，$y=b$ 处的流体则以与上板的相同速度 v_{max} 在 x 方向上运动（b 为两平行板间距），流体内任一坐标为 y 的流体运动速度 v_y 正比于 y，比例系数为剪切速率 $\dot{\gamma}$，即 $v_y = \dot{\gamma} y$。

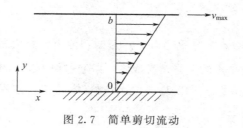

图 2.7 简单剪切流动

常见的剪切流动有 4 种模式，如图 2.8 所示。①两个平行板之间的流动。即一个板移动，而另一个板在保持不动的情况下流动，由此产生层流。②两个同轴圆筒体环缝中的环形流动。在两个同轴圆筒体中，其中一个固定，另一个转动，产生的流动是各同心液层之间的位移。③通过粗管、细管或毛细管的流动。毛细管的出口与入口处的压差迫使牛顿流体流动，其径向流动速率分布呈抛物线形，产生的流动类似套管式重叠液体层之间的彼此滑动位移。④锥-平板或是板-板之间的流动（旋转流变仪中）。即其中一个板固定，另一个旋转，类似一摞硬币的转动，相邻硬币之间产生小角度位移。这种类型的流动发生在旋转流变仪锥板或平行板测量转子间隙处的样品中。

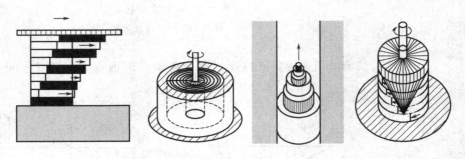

图 2.8　剪切的模式示意图

2.2　牛顿流体与非牛顿流体

流体的变化特性是流变学的基础内容，通常根据流体剪切应力与剪切速率之间的关系，将流体分为牛顿流体与非牛顿流体。

2.2.1　牛顿流体

牛顿流体是指符合牛顿黏性定律的流体，在受力后极易变形，并且剪切应力与剪切速率成正比：

$$\tau = \mu \dot{\gamma} \tag{2-2}$$

式中，τ 为剪切应力；$\dot{\gamma}$ 为剪切速率；μ 为常数，表示黏度。在直角坐标系中绘制 τ 对 $\dot{\gamma}$ 的关系，表现为一条通过原点的直线，如图 2.9(a) 所示，直线斜率即为牛顿黏度，式(2-2) 即是牛顿流体的流变方程。

2.2.2 非牛顿流体

　　非牛顿流体，是指不满足牛顿黏性实验定律的流体，即其剪切应力与剪切速率之间不是线性关系的流体。常见的浓稠的悬浮液、淤浆、乳浊液、长链聚合物溶液、生物流体、液体食品、涂料、黏土悬浮液以及混凝土混合物等都属于非牛顿流体。聚合物的浓溶液和悬浮液等一般为非牛顿流体，如聚乙烯、聚丙烯酰胺、聚氯乙烯、尼龙-6、PVS、赛璐珞、涤纶、橡胶溶液、各种工程塑料、化纤的熔体溶液等。常见的非牛顿流体有以下三类。

(1) 剪切应力与速度梯度的关系不随时间而变化的流体

　　目前在工程应用上对非牛顿流体的研究主要集中在这一类，非牛顿流体的剪应力与速率梯度成曲线关系，或者为不经过原点的直线关系。以剪切速率为横坐标，剪切应力为纵坐标，流体的流动曲线如图 2.9 中 b~d 所示。

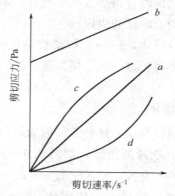

图 2.9　不同类型牛顿流体的流动曲线

　　① 宾汉塑性流体

　　宾汉塑性流体的剪切应力（τ）与剪切速率（$\dot{\gamma}$）成线性关系，但直线不过原点，流体的 τ 对 $\dot{\gamma}$ 关系如图 2.9(b) 所示。它的斜率固定，但不通过原点，该线在 y 轴的截距 τ_y 称为屈服应力。该流体的流变方程为：

$$\tau = \tau_y + \eta_p \dot{\gamma} \qquad (\tau > \tau_y) \tag{2-3}$$

$$\tau = G\dot{\gamma} \qquad (\tau < \tau_y) \tag{2-4}$$

　　式中，η_p 为该聚合物的黏度；G 为剪切模量。这一关系表示剪切应力超过一定值后流体才开始运动，其解释是此种流体在静止时，具有三维结构，其刚度足以抵抗一定的剪切应力。当剪切应力超过该数值后，三维结构被破坏，于是流体就显示出与牛顿流体一样的行为。属于此类的流体有纸浆、牙膏、岩粒悬浮液、污泥浆等。

② 假塑性流体

假塑性流体的剪切应力与速度梯度符合指数定律,表观黏度随剪切速率的增大而减小,$\tau\text{-}\dot{\gamma}$ 关系曲线如图 2.9 中 c 所示,该曲线可用幂律方程来表示:

$$\tau = K\dot{\gamma}^n \tag{2-5}$$

式中,K 为稠度系数,Pa·s;n 为非牛顿指数,无因次,n 的大小代表了流体非牛顿行为的强弱:n 越小,非牛顿特性越显著;当 $n=1$ 时,流体呈牛顿行为。

对于单分散聚合物流体,n 是个常数,不随剪切速率而变化。但在实际应用中,所有聚合物的分子量往往具有多分散性。对于这样的聚合物,不存在一个确切的临界剪切速率,从牛顿行为到非牛顿行为是一个渐变的过程,存在一个转变区域。聚合物的多分散性越大,这个区域越宽。在这个区域,n 不是常数。因此,指数定律只适用于剪切速率较大的情况。尽管如此,实际聚合物的剪切变稀行为还是能近似地符合指数定律。因此,不管在科学研究中还是在工程实践中,指数定律都得到了广泛的应用。

对于假塑性流体,$n<1$。假塑性流体是非牛顿流体中最重要的一类,大多数非牛顿流体都属于这一类,例如聚合物溶液、熔融体、油脂、淀粉悬浮液、蛋黄浆和油漆等。

③ 胀塑性流体

与假塑性流体相反,这种流体的表观黏度随剪切速率的增大而增加,τ 对 $\dot{\gamma}$ 的关系为一条向上弯的曲线,如图 2.9(d) 所示。该曲线的方程式仍可以用式(2-5)幂律定律来表示,但式中的 $n>1$。n 和 K 均需实验确定,假塑性流体的 $n<1$,胀塑性流体的 $n>1$,牛顿流体的 $n=1$。例如淀粉、硅酸钾、阿拉伯树胶等的水溶液等都属于胀塑性流体。

另外,与牛顿黏性定律相比,幂律定律又可写成:

$$\tau = K\dot{\gamma}^n = K\dot{\gamma}^{n-1} \cdot \dot{\gamma} = \eta_a \cdot \dot{\gamma} \tag{2-6}$$

即

$$\eta_a = K\dot{\gamma}^{n-1} \tag{2-7}$$

式中,η_a 称为表观黏度。

式(2-7) 表明,表观黏度随 $\dot{\gamma}$ 而变。因此对非牛顿流体的表观黏度,必须指明是在某一速度梯度下的数值,否则是没有意义的。

实验表明,$\dot{\gamma}$ 变化时,n 并不保持为常数,表 2-1 是几种聚合物熔体非牛顿指数 n 值与剪切速率的关系表,从表中可以看出 n 随 $\dot{\gamma}$ 增大而减小,即剪切速率增大时,聚合物熔体的假塑性增大。

表 2-1　几种聚合物熔体非牛顿指数 n 值与剪切速率的关系

$\dot{\gamma}/s^{-1}$ ＼高聚物	聚甲基丙烯酸甲酯（230℃）	共聚甲醛（200℃）	聚酰胺66（285℃）	乙烯丙烯共聚物（230℃）	低密度聚乙烯（170℃）	未增塑聚氯乙烯（150℃）
10^{-1}	—	—	—	0.93	0.70	—
1	1.00	1.00	—	0.66	0.44	—
10	0.82	1.00	0.96	0.46	0.32	0.62
10^2	0.46	0.80	0.91	0.34	0.26	0.55
10^3	0.22	0.42	0.71	0.19	—	0.47
10^4	0.18	0.18	0.40	0.15	—	—
10^5			0.28			—

（2）剪应力与速度梯度间的关系随时间变化的流体

在一定的剪切速率下，表观黏度随剪切应力作用时间的延长而降低或升高的流体，为与时间有关的黏性流体，通常分为触变性流体和震凝性流体。

触变性流体的表观黏度随剪切应力作用时间的延长而降低，例如某些聚合物溶液、蜜糖、猪油、淀粉和油漆等。震凝性流体的表观黏度随剪切应力作用时间的延长而增加，例如某些溶胶和石膏悬浮液等。相同剪切速率下，剪切速率减小时的黏度大于剪切速率增加时的黏度。

（3）黏弹性非牛顿流体

黏弹性流体介于黏性流体和弹性固体之间，它同时表现出黏性和弹性。在不超过屈服强度的条件下，剪切应力除去以后，其变形能部分复原。例如面粉团、凝固汽油和沥青等。

2.3　聚合物流体的黏度及其影响因素

2.3.1　黏度概念及意义

黏度是最重要的流变参数，通常将流体在流动时分子间产生内摩擦的性质，称为液体的黏性。黏性的大小用黏度表示，是用来表征液体性质相关的阻力因子。聚合物流体的黏度则是指表征聚合物分子流层之间内摩擦大小的物理量。广泛意义上的黏度定义是应力除以该处的形变速率，例如拉伸黏度等于拉伸应力除以该处的拉伸形变速率；本体黏度等于压缩应力除以该处的压缩形变速率。不加特殊说明的黏度一般指的是剪切黏度，即一点处的剪切应力与该处剪切速率的比值，见式(2-8)。

$$\eta = \frac{\tau}{\dot{\gamma}} \quad 或 \quad \eta = \frac{\mathrm{d}\tau}{\mathrm{d}\dot{\gamma}} \tag{2-8}$$

由于聚合物流动过程中同时含有不可逆的黏性流动和可逆的高弹性形变两部分，使总形变增大，而牛顿黏度应该是对不可逆部分而言，所以聚合物的表观黏度值比牛顿黏度值小。也就是说，表观黏度并不完全反映聚合物不可逆形变的难易程度，但是作为对流动性好坏的一个相对指标还是比较实用的，η_a 大则流动性差，见式(2-9)与式(2-10)。

定义稠度 η_c（微分黏度）为

$$\eta_c = \frac{\mathrm{d}\tau}{\mathrm{d}\dot{\gamma}} \tag{2-9}$$

对比表观黏度

$$\eta_a = \frac{\tau}{\dot{\gamma}} \tag{2-10}$$

因为在低剪切速率时，非牛顿流体可以表现出牛顿性，因此由 τ 对 $\dot{\gamma}$ 关系曲线的初始斜率可得到牛顿黏度，也称为零剪切黏度，即：

$$\eta_0 = \lim_{\dot{\gamma} \to 0} \eta_a \tag{2-11}$$

以上三种黏度均可从剪切应力对剪切速率关系图上求出，如图 2.10 所示。显然，给定剪切速率下的表观黏度就是曲线上改变剪切速率对应点与坐标原点连线的斜率，而稠度则是曲线上该点的切线斜率。对于通常表现为假塑性流体的聚合物熔体和浓溶液来说，表观黏度大于稠度。

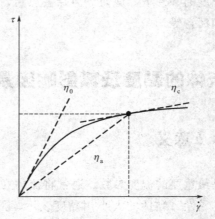

图 2.10　剪切应力对剪切速率的关系

另外，非牛顿流体与牛顿流体的流动特性有本质的区别，因此两种体系在流体阻力、传热、传质等方面也会表现出明显的差异。

2.3.2 普适流动曲线

对非牛顿流体的黏性流动行为进行描述，常选用普适流动曲线，如图 2.11 所示。

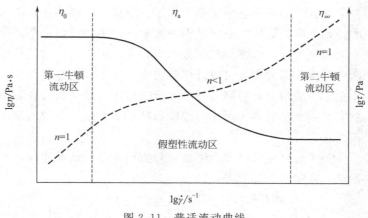

图 2.11 普适流动曲线

由图 2.11 可以看出，由于剪切速率的变化范围很广，采用双对数坐标来表示，聚合物的流动曲线可以分为以下三个区域。

① 第一牛顿流动区

在低剪切速率下，$\lg\eta$-$\lg\dot{\gamma}$ 曲线斜率为 0，$\lg\tau$-$\lg\dot{\gamma}$ 斜率为 1。此状态的流体符合牛顿流动定律，称为第一牛顿流动区。该区的黏度对应零剪切黏度 η_0，即 $\dot{\gamma}$ 趋于 0 时的黏度。

② 假塑性流动区

随剪切速率增大，流体流动指数 $n < 1$，称为假塑性流动区。该区的黏度为表观黏度 η_a。在该区，随着 $\dot{\gamma}$ 的增加 η_a 降低。聚合物熔体加工成型时所经历的剪切速率，通常处于该剪切速率范围内。

③ 第二牛顿流动区

高剪切速率区的黏度为极限剪切黏度 η_∞，即 $\eta_\infty = \lim\limits_{\dot{\gamma} \to \infty} \eta$。一般实验条件不容易达到这个区域，因为在远未达到这个区域的 $\dot{\gamma}$ 值时，已经出现了不稳定流动。

常见的普适流动曲线是理论推断的示意曲线。聚合物熔体和溶液的零剪切黏度、表观黏度和极限黏度就具有如下关系：

$$\eta_0 > \eta_a > \eta_\infty$$

以上关于聚合物流体黏度随剪切速率的流动曲线变化规律可以利用链缠结观点来解释。关于聚合物在熔体中或浓溶液中存在链缠结的观点，在聚合物流变学中已获得公认。一般认为，当聚合物分子量超过某一临界值后，分子链间可能因相互缠结或范德瓦耳斯力相互作用形成链间物理交联点。这些物理交联点在分子运动的作用下，处于不断解体和重组的动态平衡中，结果使整个熔体或浓溶液具有瞬变的交联空间网状结构，或称为拟网络结构。在低剪切速率区，被剪切破坏的缠结来得及重组，拟网络结构密度不变，黏度保持不变，熔体或浓溶液处于第一牛顿区；当剪切速率逐渐增加到一定值后，缠结点破坏速度大于重组速度，黏度开始下降，熔体或浓溶液出现假塑性；而当剪切速率持续增加到缠结点破坏完全来不及重组，黏度降低到最小值，并不再变化，这就是第二牛顿区。在假塑性区中黏度下降的程度可以看作是剪切作用下缠结结构破坏程度的反映，如果剪切速率进一步增大，拟网络结构完全被破坏，聚合物链在剪切力方向高度排列，则黏度可能再次升高，因而导致膨胀性区的出现，直到出现不稳定流动，进入湍流区为止。

为了较好地描述聚合物熔体和溶液的普适流动曲线，相继问世了三参量、四参量、五参量等黏度方程。

① 三参量方程

在 1965 年，出现了 Cross-Williamson 模式的黏度方程：

$$\eta = \frac{\eta_0}{1 + |\lambda\dot{\gamma}|^{1-n}} \tag{2-12}$$

在 1972 年，提出了 Carreau 模式的黏度方程：

$$\eta = \frac{\eta_0}{[1 + (\lambda\dot{\gamma})^2]^{\frac{1-n}{2}}} \tag{2-13}$$

式中，η_0 为零剪切黏度；λ 为松弛时间；n 为参数，λ 与 n 都不随 $\dot{\gamma}$ 而改变。当 $\dot{\gamma} \to 0$ 时，$\eta = \eta_0$。

显然，这两个方程，适用于较低的剪切速率，即第一牛顿区和假塑性流动区。因此，Carreau 模型可被用来表达从牛顿区域到非牛顿区域的变化，适用范围很宽。

② 四参量方程

1979 年修正的 Carreau 模式黏度方程能够用 η_0 和 η_∞ 完整地描述黏度随剪切速率变化，见式(2-14) 和式(2-15)。

$$\frac{\eta - \eta_\infty}{\eta_0 - \eta_\infty} = \frac{\eta_0}{[1 + (\lambda\dot{\gamma})^2]^{\frac{1-n}{2}}} \tag{2-14}$$

也可表达为：

$$\eta = \eta_\infty + \eta_0(\eta_0 - \eta_\infty)[1 + (\lambda\dot{\gamma})^2]^{\frac{n-1}{2}} \tag{2-15}$$

③ 五参量方程

为了改进 η_0 和 η_∞ 的转变曲线段的描述,推出了 Carreau-Yasudo 模式,也称为五参量黏度方程,见式(2-16)。

$$\frac{\eta - \eta_\infty}{\eta_0 - \eta_\infty} = \frac{\eta_0}{\left[1 + (\lambda\dot{\gamma})^\alpha\right]^{\frac{1-n}{\alpha}}} \tag{2-16}$$

式中,η_∞ 是 $\dot{\gamma}$ 趋于无限大时,聚合物剪切变稀达到的另一个平衡黏度;α 为控制从零剪切牛顿平台到剪切变稀指数区域的黏度转变速率常数。若 $\alpha=2$,式(2-16)可化为四参数 Carreau 模型 [式(2-14)]。当 $\alpha<1$ 时,转变速率减慢,转变区域扩大。对于很多聚合物流体,特别是聚合物熔体,当 $\dot{\gamma}$ 增大到一定程度时,大分子链容易发生断裂。因此,聚合物流变曲线的第二个黏度平台不会出现,η_∞ 取值为零。

2.3.3　黏度的测定

2.3.3.1　黏度的测量条件

(1) 层流

施加的剪切必须只产生层流。因为层流能够防止层间体积元交换,所以开始测量时样品就必须是均匀的。不允许在测定过程中对不均匀样品实施均匀化操作。维持湍流所需的能量比仅仅维持层流所需的能量多得多,测量的扭矩不再与样品的真实黏度成正比,易产生较大的误差。

(2) 稳态流

在流变测量中,施加的剪切应力与剪切速率有关。实验中所设剪切应力刚好足够维持一个恒定流动速率的量值。

(3) 无滑移

来自移动板的剪切应力需穿过液体边界,进入液体内部。若移动板与液体的黏合不足以传递剪切应力,即移动板只能在不动的液体样品上面滑过,在这种情况下的测定结果毫无意义。

(4) 样品必须均匀

样品均匀就保证了剪切的响应是完全均匀的。若样品是分散体系或悬浮液,则要求所有组分的大小与受剪切液层的厚度相比是非常小的,即样品必须均匀地分布。

（5）在测试过程中样品无化学物理变化

聚合物的硬化、降解等化学过程产生的变化，以及某些物理转变，例如 PVC 树脂中颗粒与增塑剂的相互作用等，将是影响黏度测量的另一种情况。

（6）无弹性

液体样品必须是纯黏性物质，对样品施加的剪切能可全部转变为剪切热。若样品是黏弹性的，输入的剪切能的部分被暂时以弹性方式储存起来，其余不确切的部分将产生流动，这样测量的结果偏差较大。

2.3.3.2 黏度的测量仪器

（1）落球黏度计

落球黏度法是测定比较黏稠的牛顿液体的最简单快捷的方法。只需测量圆球在被测液体中下落的速度，便可计算黏度。首先介绍一下落球黏度计的基本测量原理。

根据 stock 定律（小球在黏性介质中运动的方程，F 与运动速度成正比）：假定一个圆球在一个无限大的液体介质中下落（如图 2.12 所示），所受阻力为：

$$F_1 = 6\pi r \mu v \tag{2-17}$$

图 2.12 落球黏度计及原理图

使圆球下落的作用力 F_2 是重力与浮力之差：

$$F_2 = G - F_{浮} = \frac{4}{3}\pi r^3 \rho_s g - \frac{4}{3}\pi r^3 \rho g = \frac{4}{3}\pi r^3 (\rho_s - \rho)g \tag{2-18}$$

假设小球做匀速运动，则将以上两式联立，可得到：

$$F_1 = F_2 = 6\pi r \mu v = \frac{4}{3}\pi r^3 (\rho_s - \rho)g \tag{2-19}$$

则:

$$\mu = \frac{2(\rho_s - \rho)gr^2}{9v} \tag{2-20}$$

式中，r 为下落圆球的半径；g 为重力加速度；v 为圆球稳定下落时的速度；ρ_s 为圆球的密度；ρ 为液体的密度。

以上为理想状态下，落球黏度计分析黏度的方式。但实际上管壁对小球的下落过程也存在影响。考虑管壁的影响，需要进一步校正式(2-20)，得到：

$$\mu = \frac{2(\rho_s - \rho)gr^2}{9v} = \frac{2(\rho_s - \rho)gr^2}{9} \times \frac{t}{s} = k(\rho_s - \rho)t \tag{2-21}$$

式中，$k = \frac{2gr^2}{9s}$，是仪器常数；s 为小球运动的距离。

若小球和液体都是一定的，则式(2-21) 可进一步简化为：

$$\mu = kt \tag{2-22}$$

可以看出，液体的黏度和小球下落的时间成正比。校正管壁对下落时间的影响为：

$$\mu = \frac{kt}{1 + 4.8\dfrac{r}{D}} \tag{2-23}$$

或

$$\mu = kt\left[1 - 2.104\frac{r}{D} + 2.09\left(\frac{r}{D}\right)^3 - 0.95\left(\frac{r}{D}\right)^5\right] \tag{2-24}$$

式中，r 为球径；D 为管径。

落球黏度计的优点为仪器简单，操作方便，易于清洗，不需要特殊的设备和技术，一般落球黏度计的材质为硅玻璃、镍铁合金、不锈钢等。缺点则为不能得到剪切应力、应变速率等基本的流变参数，且切应变速率不均一。

(2) 毛细管黏度计

常见的毛细管黏度计有乌氏黏度计和奥氏黏度计等，其中乌氏黏度计是由奥氏黏度计改进而来的，属重力型毛细管黏度计，是基于相对测量法的原理而设计的，即依据液体在毛细管中的流出速度来测量液体的特性黏度。与其他重力型黏度计相比，它属于悬挂液柱型黏度计，如图 2.13 所示。

乌氏黏度计测定黏度的原理如下。

根据哈根-泊肃叶定律，有

$$q_v = \frac{\pi \Delta p R^4}{8\eta l} \tag{2-25}$$

上式可转化为：

$$\eta = \frac{\pi \Delta p R^4}{8q_v l} = \frac{\pi R^4}{8l}\frac{\Delta p}{q_v} = \frac{\pi R^4}{8l}\frac{\Delta p}{V}\Delta t = c'\frac{\Delta p}{V}\Delta t \tag{2-26}$$

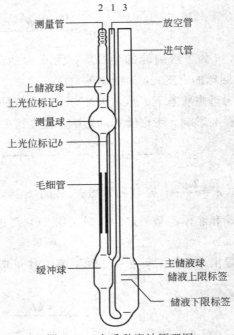

图 2.13　乌氏黏度计原理图

如图 2.13 所示，待测液体自 2 管加入，经 3 管将液体吸至 a 线以上，使 3 管通大气，任其自然流下，记录液面流经 a 及 b 线的时间 t。这样外加力就是高度 h 的液体自身重力，用 ΔP 表示。假定液体流动时没有发生湍流，即外加力 ΔP 全部用以克服液体对流动的黏滞阻力；两刻度间的流体体积 V 也是一定的，所以 ΔP 和 V 也是由仪器决定的，因此：

$$\eta = c' \frac{\Delta P}{V} \Delta t = c'' \Delta t \qquad (2\text{-}27)$$

其中 $c'' = \dfrac{\pi R^4 \Delta P}{8 l V}$，称为仪器常数。

在 a 和 b 之间的测试架的一侧装有一对红外发光管，另一侧装有一对光电接收管，当毛细管的流体由于运动遮挡红外光束时即会产生电信号，从而实现了自动分析，图右为其工作的原理示意图。

(3) 同轴圆筒黏度计

同轴圆筒可能是最早应用于测量黏度的旋转设备，有三种结构：内筒旋式、外筒旋转式和无外筒式，结构示意如图 2.14。两个同轴圆筒的半径分别为 R（外筒）和 KR（内筒），K 为内、外筒半径之比，筒长为 L。一般内筒静止，外筒以角速度 Ω 旋转，采用这种方式的原因是如果内筒旋转而外筒静止，则在较低的旋转速度下，就会出现 Taylor 涡流，这对于实际测量的准确性有很大的影

聚合物流变学基础

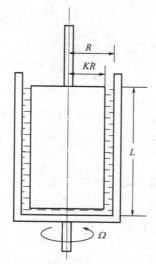

图 2.14　同轴圆筒黏度计示意图

响。选择外筒旋转的目的就是要保证在较大的旋转速度下也尽可能保持筒间的流动为层流。一般同轴圆筒间的流动是不均匀的，即剪切速率随圆筒的径向方向变化。当内、外筒间距很小时，同轴圆筒间产生的流动可以近似为简单剪切流动。因此同轴圆筒是测量中、低黏度均匀流体黏度的最佳选择，但它不适用于聚合物熔体、糊剂和含有大颗粒的悬浮液。

　　考虑如图 2.14 所示的情况，半径为 KR 的内筒静止，半径为 R 的外筒以角速度 Ω 旋转，假设稳态、等温流动，并且忽略末端效应，即假设唯一一个非零的速度分量为切向速度，并且只是径向位置的函数，如图 2.15 所示。现在来具体分析其工作原理。

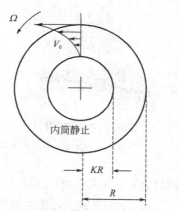

图 2.15　同轴圆筒间的流动（内筒静止）

　　离轴线 r 处的圆柱面上的牛顿液体所受到的剪切应力为

$$\tau = \mu \dot{\gamma} = \mu \frac{\mathrm{d}v}{\mathrm{d}r} = \mu r \frac{\mathrm{d}\omega}{\mathrm{d}r} \tag{2-28}$$

则剪切力为：

$$F = \tau A = \tau 2\pi l r \tag{2-29}$$

转矩 M 为：

$$M = Fr = 2\pi r l \tau r = 2\pi r^3 l \mu \frac{\mathrm{d}\omega}{\mathrm{d}r} \tag{2-30}$$

即：

$$\mathrm{d}\omega = \frac{M}{2\pi l \mu} \frac{\mathrm{d}r}{r^3} \tag{2-31}$$

当 $r = R_0$，角速度 $\omega = \Omega$；当 $r = R$，黏性流体的 $\omega = 0$，有积分式：

$$\int_0^\Omega \mathrm{d}\omega = \int_R^{R_0} \frac{M}{2\pi l \mu} \frac{\mathrm{d}r}{r^3} = \frac{M}{2\pi l \mu} \int_R^{R_0} \frac{\mathrm{d}r}{r^3} \tag{2-32}$$

积分得

$$\mu = \frac{M}{4\pi l \Omega} \left(\frac{1}{R^2} - \frac{1}{R_0^2} \right) = KM \tag{2-33}$$

式中，K 为仪器常数；Ω 为外筒转动角速度。这里的推导也是假设内筒静止，外筒旋转，其实这些结果对于内筒旋转而外筒静止的情况也同样适用。常见的旋转黏度计如图 2.16 所示。

(a) 液晶显示旋转黏度计　　　　　　(b) 表盘黏度计

图 2.16　常见的旋转黏度计

旋转黏度计的优点为当筒间隙很小时，被测流体的剪切速率接近均一，仪器校准容易，改正量也很小。缺点是高黏度流体试样装料困难，较高转速时，会产生流体的爬杆现象，所以只限于低黏度物料，在较低剪切速率下使用。旋转黏度计主要适用于高聚物浓溶液、溶胶或胶乳的黏度测定，还广泛用于油脂、食品、药物、胶黏剂、化妆品等行业。根据其工作原理，旋转黏度计在使用时，为获得准确可靠的测量数据必须注意被测液体的温度。当温度偏差 0.5℃时，有些液体黏度值偏差超过 5%，温度偏差对黏度影响很大，温度升高，黏度下降。要特别注意将被测液体的温度恒定在规定的温度点附近，对精确测量最好不要超过 0.1℃。

（4）熔体流动速率仪

熔体流动速率（MFR）是指固态塑料物料在其料筒中静态加热熔融，在规定的温度和压力下，从毛细管中挤出，10min 内挤出的熔体质量数，又称熔体流动指数（MFI）、熔体指数（MI）。最初主要用来进行 PE 的表征与牌号确定，现在，MFI 已成为 ASTM、BS、DIN、ISO 和 JIS 等有关流变性能的表征测试方法。

熔体指数测量仪的基本结构如图 2.17 所示，主要由以下几部分组成。

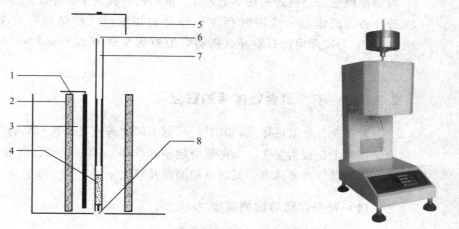

图 2.17 熔体指数测量仪及结构示意图
1—温度计；2,3—隔热层；4—料筒；5—砝码；6—砝码托盘；7—活塞；8—标准口模

① 料筒：钢制圆筒，内径为 9.550mm±0.025mm，长度在 150～180mm 之间。

② 活塞：活塞长度大于料筒长度，活塞杆直径为 9mm，活塞头长度为 6.35mm±0.10mm，其直径比料筒内径小 0.075mm±0.015mm。在活塞杆上相距 30mm 处刻有两道环形标记，当活塞杆插入料筒，下环形记号与料筒口相平时，活塞头底面与标准口模上端相距约为 50mm。

③ 标准口模：用碳化钨制成，其外径与料筒内径成间隙配合，内径有 2.095mm±0.005mm 和 1.18mm±0.010mm 两种，高度皆为 8.000mm±0.025mm。

④ 负荷：负荷是活塞杆与砝码质量之和，精度为±0.5%。若料筒内径在 9.5～10mm 之间，则负荷按式(2-34) 计算：

$$P = K \frac{D^2}{d^4} \tag{2-34}$$

式中，P 为负荷，g；K 为口模系数（取决于标准口模内径和剪切速率范围），g·mm^2；D 为活塞头直径，mm；d 为标准口模内径，mm。

ASTM D1238 规定了常用的聚合物材料的测试方法，其测试条件包括：温度范围为 125～300℃，负荷范围为 0.325～21.6kg（相应的压力范围为 0.46～30.4kg/cm^2）。MFI 的计算十分简单，其公式如下：

$$MFI = \frac{600m}{t} \tag{2-35}$$

式中，MFI 为熔体流动指数，g/10min；m 为样条质量，g；t 为切样条时间间隔，s。实验结果取两位有效数字。

用熔体指数测量仪测定聚合物的流动性，是在给定的剪切速率下测定其黏度参数的一种简易方法。它可以测定非牛顿性指数 n，反映高聚物熔体的剪切变稀行为。但它也存在着一些不足之处：如口模长径比小，导致流体在口模中不能充分发展，流体在出口同时存在拉伸与剪切变形；剪切速率较小，约为 0.5～20s^{-1}，与实际生产有差异（挤塑时的剪切速率为 10～1000s^{-1}，注塑为 100～10000s^{-1}）。

2.3.3.3 不同聚合物体系的黏度

对于聚合物溶液体系，其黏度根据不同物理意义具有不同的表达式，黏度的测量整体上也较为复杂。根据聚合物溶液体系不同的状态，例如聚合物稀溶液、聚合物悬浮体溶液体系，其黏度的测定及确定手段不同。以下分别进行分析。

(1) 聚合物稀溶液的黏度

聚合物稀溶液的黏度很早被用来进行分子量的测定研究，后来又进一步发展了微观分子理论，是研究聚合物流变性质的一个很重要的物理量。通常利用面前所述的玻璃毛细管黏度计，可测出纯溶剂和不同浓度的聚合物溶液通过毛细管的时间。对于浓度低于 1% 的聚合物稀溶液，视溶液密度 ρ 近似等于溶剂的密度。则聚合物稀溶液体系的黏度可以有以下几种表达方式。

① 相对黏度（黏度比），用 η_r 来表示，即：

$$\eta_r = \frac{\eta}{\eta_0} \tag{2-36}$$

式中，η_0 为纯溶剂的黏度；η 是相同温度下溶液的黏度。黏度比是一个无因次的量。对于低剪切速率下的聚合物溶液，其值一般大于 1。显然，随着溶液浓度的增加 η_r 将增大。

② 增比黏度（相对黏度增量），用 η_{sp} 来表示，是相对于溶剂来说溶液黏度增加的分数：

$$\eta_{sp} = \frac{\eta - \eta_0}{\eta_0} = \frac{\eta}{\eta_0} - 1 = \eta_r - 1 \tag{2-37}$$

增比黏度也是一个无因次的量。

③ 比浓黏度（黏数），用 $\dfrac{\eta_{sp}}{c}$ 表示。

对聚合物溶液，增比黏度往往随着溶液浓度增加而增大，因此常用其与浓度之比来表征溶液的黏度，称为比浓黏度，即：

$$\frac{\eta_{sp}}{c}=\frac{\eta_r-1}{c} \tag{2-38}$$

它表示当溶液浓度为 c 时，单位浓度对增比黏度的贡献。实验证明，其数值亦随浓度的变化而变化。比浓黏度的量纲是浓度的倒数，一般用 cm^3/g 表示。

④ 比浓对数黏度（对数黏数）

其定义是黏度比的自然对数与浓度之比，即：

$$\frac{\ln\eta_r}{c}=\frac{\ln(\eta_{sp}+1)}{c} \tag{2-39}$$

其值也是浓度的函数，量纲与比浓黏度相同。

⑤ 特性黏度（特性黏数），用 [η] 表示

因为比浓黏度 $\dfrac{\eta_{sp}}{c}$ 和比浓对数黏度 $\dfrac{\ln\eta_r}{c}$ 均随溶液浓度而改变，故以其在无限稀释时的外推值作为溶液黏度的量度，用 [η] 表示这种外推值，即：

$$[\eta]=\lim_{c\to0}\frac{\eta_{sp}}{c}=\lim_{c\to0}\frac{\eta_r}{c} \tag{2-40}$$

[η] 称为特性黏度，其值与浓度无关，其因次也是浓度的倒数，其单位是 mL/g 或 m^3/kg。特性黏度的另一种表达形式为：

$$[\eta]=\lim_{c\to0}\frac{\eta_{sp}}{c}=\lim_{c\to0}\frac{\eta_r-1}{c}=\lim_{c\to0}\frac{\eta-\eta_0}{\eta_0c} \tag{2-41}$$

从式（2-41）可以看出，只要求出比浓黏度 $\dfrac{\eta_{sp}}{c}$ 和比浓对数黏度 $\dfrac{\ln\eta_r}{c}$，就可以根据作图法求出 [η]。而这两项参数则可以通过实验测量得到，如下：

根据式（2-38），可知溶液的相对黏度为：

$$\eta_r=\frac{\eta}{\eta_0}=\frac{c''t}{c''t_0}=\frac{t}{t_0} \tag{2-42}$$

并且很容易得到：

$$\eta_{sp}=\eta_r-1=\frac{t}{t_0}-1=\frac{t-t_0}{t_0} \tag{2-43}$$

这样，由纯溶剂的流出时间 t_0 和各种浓度的溶液的流出时间 t，可求出各种浓度的 η_r、η_{sp}、$\dfrac{\eta_{sp}}{c}$ 和 $\dfrac{\ln\eta_r}{c}$ 的值，最终利用外推法可以推算出特性黏度 [η]，如图 2.18 所示。

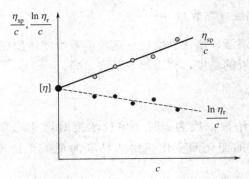

图 2.18 外推法计算聚合物溶液的特性黏度

如图 2.18，分别以 $\dfrac{\eta_{sp}}{c}$ 和 $\dfrac{\ln\eta_r}{c}$ 为纵坐标，以浓度 c 为横坐标，进行作图，得到两条直线。在 $\dfrac{\eta_{sp}}{c}$-c 图中，可以分析得到正斜率线：

$$\frac{\eta_{sp}}{c} = [\eta] + k'[\eta]^2 c \tag{2-44}$$

式中，k' 为 Huggins 常数，多数聚合物在良溶剂中的 k' 值约为 0.4。

在 $\dfrac{\ln\eta_r}{c}$-c 图中，可以分析得到负斜率线：

$$\frac{\ln\eta_r}{c} = [\eta] - k''[\eta]^2 c \tag{2-45}$$

式中，k'' 为 Kramer 常数，有 $[\eta]c^* \approx 1$，c^* 为临界浓度。对于柔性的线性聚合物的良溶液有 $k' + k'' = 0.5$；对于一些支化或刚性的聚合物，$k' + k''$ 偏离 0.5 较大。

式(2-44) 和式(2-45) 是关于浓度 c 的线性方程，大多数聚合物在较稀的浓度范围内的溶液黏度与浓度的关系都符合上式。在几个浓度下分别测定 η_{sp} 和 $\ln\eta_r$，对应做出两条斜线，从交点得到特性黏度，即是用外推法求得 $[\eta]$。下面介绍利用一点法求特性黏度的过程。

联立式(2-44) 和式(2-45) 得

$$\begin{cases} \dfrac{\eta_{sp}}{c} = [\eta] + k'[\eta]^2 c \\[2mm] \dfrac{\ln\eta_r}{c} = [\eta] - k''[\eta]^2 c \end{cases}$$

得到

$$[\eta] = \frac{1}{c}\sqrt{2(\eta_{sp} - \ln\eta_r)} \tag{2-46}$$

对于聚合物的稀溶液，特性黏度主要反映了聚合物平均分子量对其溶液的作用。因此，进一步我们可以利用特性黏度与聚合物黏均分子量之间的关系分析得到聚合物的黏均分子量。

聚合物在确定温度和溶剂下测得溶液的特性黏度 $[\eta]$，经大量实验可以建立以下关系：

$$[\eta] = KM^\alpha \tag{2-47}$$

式（2-47）称为 Mark-Houwink 方程，M 为聚合物的分子量，单位 g/mol 或 kg/mol。式中的 K 和 α 是与分子量无关的常数。这样，只要知道 K 和 α 的值，即可根据所测得 $[\eta]$ 的值计算聚合物样品的分子量。

K 和 α 的值事先可以通过实验来测定。K 和 α 与聚合物的结构、形态以及聚合物与溶剂的相互作用、温度等有关。所以，在测定时，必须首先确定聚合物、溶剂和温度，其中任何一个因素改变都会引起 K 和 α 值的变化。一般采用的方法是制备若干个分子量较为均一的聚合物样品，然后分别测定每个样品的分子量和特性黏度。分子量可以用任何一种绝对方法进行测得。由式（2-47）取对数得：

$$\lg[\eta] = \lg K + \alpha \lg M \tag{2-48}$$

从实验中得到各个标样的 $\lg[\eta]$ 对 $\lg M$ 作图，应得一条直线，其斜率为 α，而截距为 K。对于多数的柔性聚合物，α 值为 $0.5 \sim 0.8$。对于多分散的试样，黏度法测得的分子量也是一种统计平均值，称为黏均分子量，用 $\overline{M}_\eta$ 表示。即：

$$\left(\frac{\eta_{sp}}{c}\right)_{c \to 0} = K\overline{M}_\eta^\alpha \tag{2-49}$$

（2）稀悬浮体的黏度

悬浮液的黏度 η 是相对于分散相的黏度 η_s 而言。对于体颗粒体积分数 $\phi < 1$，爱因斯坦首先推导了爱因斯坦黏度关系式：

$$\eta = \eta_s(1 + 2.5\phi) \tag{2-50}$$

此式的黏度与刚性球颗粒的大小分布无关。如果用相对黏度来表达，则有：

$$\eta_r = 1 + 2.5\phi \tag{2-51}$$

可得比浓黏度：

$$\eta_{sp} = 2.5\phi \tag{2-52}$$

特性黏度：

$$[\eta] = 2.5 \tag{2-53}$$

悬浮体颗粒体积分数 ϕ 较大时，Cuth 方程较为适用，悬浮体的相对黏度为：

$$\eta_r = 1 + 2.5\phi + 14.1\phi^2 \tag{2-54}$$

（3）浓悬浮体的黏度

各种浓悬浮体的形态，不仅是高聚物体系的液态悬浮体，还有高聚物的溶胶和凝胶，也包括高聚物为连续相，添加刚性粒子的熔体或柔软固体。

当分散相的体积分数 ϕ 不高，分散相以单个刚性粒子形式充填于高聚物熔体时，其黏度计算式为：

$$\eta = \eta_s(1 + K_E\phi) \tag{2-55}$$

式中，K_E 为爱因斯坦系数。若是球形粒子 $K_E = 2.5$，若是棒形粒子，又有长径比 $l/d > 1$，则 $K_E > 2.5$。只有当粒子与连续相在界面上存在相对滑动时，K_E 才会小于 2.5，甚至减小至 1。

当分散相的体积分数 ϕ 增大时，粒子不是单个被裹在液相中，粒子之间会聚集絮凝在一起，然后再被分散在连续相中。此时用 Mooney 关系式表示：

$$\ln\frac{\eta}{\eta_s} = \frac{K_s\phi}{1 - \dfrac{\phi}{\phi_m}} \tag{2-56}$$

式中，ϕ_m 为分散相最大堆砌系数（maximum packing fraction of filler particles），是填充粒子完全被滋润且分散的最大体积组分，实际材料中 $\phi < \phi_m$：

粒子有序堆积 $\phi_m = 0.74$

粒子随机分布未聚集 $\phi_m = 0.60 \sim 0.63$

粒子随机聚集 $\phi_m = 0.37$

纤维材料 $\phi_m = 0.79 \sim 0.91$

另一个悬浮体黏度的经验公式是未修正的 Roscose 方程式：

$$\frac{\eta}{\eta_s} = \left(1 - \frac{\phi}{\phi_m}\right)^{-2.5} \tag{2-57}$$

此式适用于所有种类的悬浮体。若将指数改为 −2，就是 Maron 和 Pierce 经验方程式：

$$\frac{\eta}{\eta_s} = \left(1 - \frac{\phi}{\phi_m}\right)^{-2} \tag{2-58}$$

2.3.4　聚合物黏度的影响因素

聚合物的流变性能是其内在结构的反映，流变行为的发生是在一定的剪切速率和剪切应力作用下，聚合物分子间缠结态被破坏，分子重新取向排列，阻力减小，流体黏度下降，流变行为随聚合物的链结构，链间结构化程度，分子量的大小和分布，分子的结构、形状和分子间的相互作用，不同相结构间的相互作用，温度、流场的形状及变化，物理缠结和解缠，化学交联和降解等因素的变化而变化。以下就对影响聚合物黏度的因素进行详细介绍。

(1) 内部因素的影响

① 分子量和分子量分布的影响

聚合物的流动是分子质心沿流动方向的位移，因此聚合物的分子量大小和分子量分布直接影响到聚合物的流动、加工和使用性能。对于剪切变稀的流体，分子量越大，对牛顿行为的偏离就越远，分子量分布宽的聚合物黏度对剪切速率的变化更敏感。这主要是因为其中分子量大的部分在剪切过程中形变较大，易于成型加工，但产品强度也较低，同时也对加工工艺产生影响。黏度对分子量依赖性，表现在流动过程中，随着聚合物的分子量增加，分子链开始发生缠结，不能独立运动，流动变得困难，导致能量的耗散显著增加，黏度大幅提高。分子量是影响聚合物流变性质最重要的结构因素。一般把聚合物出现缠结所需的最低分子量定义为临界分子量，用 M_c 表示。聚合物的黏度与分子量的关系可用如下经验式表示：

$$\eta = KM^\alpha, \quad \begin{cases} \alpha = 1, M < M_c \\ \alpha = 3.4, M > M_c \end{cases} \tag{2-59}$$

式中，常数 K 与温度有关，其关系类似于黏度对温度的依赖性，此外 K 还与分子结构有关；分子量 M 为重均分子量，$\overline{M}_w$。对聚合物流体，只有在低剪切速率区，即只有零剪切黏度（η_0）才符合上式。从加工成型角度考虑，希望高聚物的流动性更好一点，这样聚合物与助剂的混合较均匀，制品表面光洁。降低分子量可以增加流动性，改善加工性能，但是过多地降低分子量又会影响制品的机械强度，所以在聚合物的加工过程中要恰当地调节分子量的大小，在满足加工要求的前提下尽可能提高其分子量。

分子量相同但分子量分布不同的聚合物流体的黏度随剪切速率变化的幅度是不相同的，如图 2.19 所示。由图可以看出，当剪切速率较低时，分子量分布宽的样品黏度较分子量分布窄的高；但当剪切速率较高时则恰好相反。对于分子量分布宽的聚合物，其中分子量很大的部分占的比例比较多，剪切速率增大时长链分子对剪切敏感，形变较大，对黏度下降的贡献比较多，这一点在实际生产中具有重要的意义；而分子量分布窄、较均一的体系则黏度变化小。在实际加工过程中，一般模塑加工的剪切速率都较高，而分子量分布较窄的聚合物的黏度比分布宽的聚合物黏度要高。因此，分子量分布宽的聚合物更容易挤出或注射成型。另外，分子量分布也影响聚合物开始出现非牛顿流动时的剪切速率值。在零剪切黏度相同条件下，分子量分布较宽的聚合物会在较低的剪切速率下开始出现非牛顿

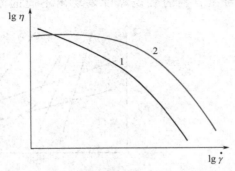

图 2.19　不同分子量分布聚合物的黏度对剪切速率的依赖性
1—分布宽；2—分布窄

流动。反过来，通过测量聚合物的流变性质也可以获得分子量分布的信息。

②　分子链结构的影响

在分子量相同时，分子链的支化及支链长度对聚合物黏度有很大的影响。一般具有短支链的聚合物的黏度小于线型聚合物的黏度，长链支化的聚合物黏度变化比较复杂，但黏度一般高于线型聚合物。另外，柔性分子链聚合物的分子链段取向容易，因此黏度随剪切速率的增加而明显下降，如 PE，PS 等，而对于分子链刚性大的聚合物，如聚碳酸酯等，黏度几乎不随剪切速率变化。

除了支化结构外，凡是能使玻璃化转变温度升高的因素，都会使黏度升高。对分子量相接近的不同聚合物来说，柔性链的黏度比刚性链低。例如聚有机硅氧烷和含有醚键的高聚物的黏度特别低，而刚性很强的高聚物，例如聚酰亚胺和其他主链含有芳环的高聚物的黏度都很高，加工也困难。另外，分子的极性、氢键和离子键等对高聚物的黏度也有很大影响。如氢键能使尼龙、聚乙烯醇、聚丙烯酸等高聚物的黏度增加。离子键能把分子链互相连结在一起，犹如发生交联，因而高聚物的离子键使黏度大幅提高。聚氯乙烯和聚丙烯腈等极性高聚物，分子间作用力很强，因而熔融黏度较大。

(2)　加工条件的影响

①　温度的影响

在黏流温度以上，聚合物的黏度和温度的关系与小分子液体一样。温度是分子热运动程度的反映，温度升高使聚合物内部的自由体积增加，链段的活动能力增强，分子间的相互作用力减弱，造成黏度下降，使聚合物的流动性增大。对高聚物来说，熔体黏度随温度升高以指数方式降低，因而在聚合物加工中，温度是调节黏度的首要手段。把阿伦尼乌斯方程写为对数形式：

$$\ln\eta = \ln A + \frac{E_R}{RT} \qquad (2\text{-}60)$$

即表观黏度的对数与温度的倒数之间存在线性关系。图 2.20 为一些高聚物的表观黏度-温度曲线，从图中可以明显看出，各直线的斜率不同，这意味着各种聚合物的表观黏度表现出不同的温度敏感性。直线斜率 E_R/RT

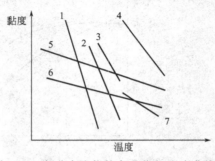

图 2.20　部分高聚物的表观黏度-温度曲线

1—醋酸纤维素；2—聚苯乙烯；3—有机玻璃；4—聚碳酸酯；5—聚乙烯；6—聚甲醛；7—尼龙

大，则活化能高，即是黏度对温度变化较为敏感。一般，分子链刚性越大，或分子间作用力越大，则流动活化能越高，则该聚合物黏度对温度有较大的敏感性。而柔性聚合物，如 PP、PE 和聚甲醛等，它们的流动活化能较小，表观黏度随温度的变化就不大，在加工过程中，仅通过改变温度来调节聚合物的流动性则不行。

② 剪切速率的影响

当聚合物的分子链处于由剪切速率变化引起的、具有速度梯度的流场中，整个长链不会都处于同一速度区，其中某一端可处于速度较快的中心区，而另一端处于接近管壁的速度较慢区，此时，分子链的两端就会产生相对移动，可能使分子链发生伸直和取向。剪切速率越大，分子链的取向越明显；在高的剪切速率条件下，由于分子链的进一步取向，布朗运动的影响可以忽略；剪切速率进一步提高，取向度不会再提高。整体上剪切速率对聚合物黏度的影响，使聚合物表现为牛顿-非牛顿-牛顿流体的流动行为。

③ 流体静压力的影响

聚合物在挤出和注射成型加工中，或在毛细管流变仪中进行测定时，常需要承担相当高的流体静压力，因此有必要研究流体静压力对聚合物熔体黏度的影响。

压力之所以会对聚合物黏度产生很大的影响，是因为聚合物中存在大量的自由体积。自由体积理论最早是由 Fox 和 Flory 提出，他们认为聚合物的体积由两部分组成：一部分是被分子占据的体积，称占有体积；另一部分是未被占据的自由体积。正是这些自由体积的存在，大分子链的化学键才能够内旋转。因此，压力上升自由体积缩小，导致黏度上升。压力与黏度之间的定量关系也常用阿伦尼乌斯方程来表示：

$$\eta = \eta_{rp} e^{\varGamma P} \tag{2-61}$$

式中，η_{rp} 为常压下物料的黏度；P 为压力；$\varGamma$ 为压力的影响系数，$\varGamma = \dfrac{\mathrm{d}\ln\eta}{\mathrm{d}P}$。

另外，聚合物加工过程中的添加剂，譬如增塑剂、润滑剂和填料等，也能显著地影响聚合物熔体的流动性。通常增塑剂的加入可以降低聚合物体系的黏度；润滑剂的加入可以降低聚合体系的黏度；而其他助剂的加入则会降低聚合物体系的流动性，增高黏度。

在聚合物的加工中，不同的加工方法和制件的形状，要求不同的熔体黏度与之适应，除了选择适当牌号的原料外，还要控制适当的加工工艺条件，以获得适当的流动性。然而不同的物料各自有本身的特性，其黏度随加工条件的变化规律不同，盲目改变某一个加工条件很难奏效。例如对刚性链高分子盲目地通过增加螺杆的转速，提高剪切速率，或者加大柱塞的载荷，提高剪切应力，以达到提高物料流动性的目的是行不通的；同样，对柔性链聚合物，盲目地提高料筒温度，不仅不能有效地提高物料的流动性，反而可能引起物料的分解而使制件质量降低。总之，对于不同类型的聚合物，不同的加工工艺，需要具体问题具体分析，调控合适的聚合物的流变参数。

2.4 聚合物流体的弹性

聚合物流体不仅具有较高的黏性，还有一定的弹性。以下就对聚合物流体的弹性进行介绍，并讨论这一性质对加工的影响，例如与加工工艺有关的入口效应、模口膨胀和熔体破裂等现象。聚合物的黏弹性包括静态黏弹行为与动态黏弹行为，蠕变与应力松弛为常见的静态黏弹行为，滞后效应为动态黏弹行为的表现。

2.4.1 流体弹性原理

(1) 应力的回复

聚合物流体受剪切应力或拉伸应力作用，不但有消耗能量的流动，同时也储存能量。一旦作用力或边界约束去除，其储存的弹性能会产生可回复的形变。

(2) 法向应力效应

法向应力效应是指聚合物流体的流动，在受剪切力作用下会产生法向应力差，从而呈现一些弹性现象。

当流体处于稳态剪切流动时，如果我们从中切出一个小立方体积元，并规定方向1是流体流动的方向，方向2与层流平面相垂直，方向3垂直于方向1和2，某时刻作用在它上面的各应力分量如图2.21所示。对于牛顿流体，除了作用在流动方向上的剪切应力 $\tau = \sigma_{21}$ 外，分别作用在空间相互垂直的3个方向上的法向应力分量大小相等，即 $\sigma_{11} = \sigma_{22} = \sigma_{33}$。

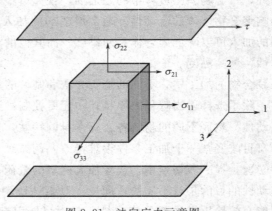

图 2.21 法向应力示意图

然而，对于聚合物熔体情况则不相同，3 个法向应力分量不再相等，这是聚合物熔体的弹性效应造成的。对此，通常定义两个法向应力差：

$$N_1 = \sigma_{11} - \sigma_{22} = \psi_1 \dot{\gamma}_{21}^2 \tag{2-62}$$

$$N_2 = \sigma_{22} - \sigma_{33} = \psi_2 \dot{\gamma}_{21}^2 \tag{2-63}$$

式中，N_1 和 N_2 分别为第一法向应力差和第二法向应力差；ψ_1 和 ψ_2 分别为第一法向应力系数和第二法向应力系数。通常，$N_1 > 0$，且较大，因而称为主法向应力差，特别是当剪切速率很大时，N_1 甚至可超过剪切应力 τ；而 N_2 一般很小，且 $N_2 < 0$。$N_1 / N_2 \approx 0.1 \sim 0.3$。

由于法向应力的存在，在高聚物熔体流动时，会引起一系列特殊的流动行为。

2.4.2 流体的几种弹性行为

2.4.2.1 魏森贝格效应

当聚合物流体或浓溶液在各种旋转黏度计中或在容器中进行电动搅拌时，受到旋转剪切作用，流体会沿内筒壁或轴上升，发生包轴或爬杆现象，称为魏森贝格效应，如图 2.22 所示。

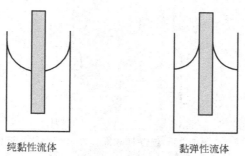

纯黏性流体　　　　　　　　黏弹性流体

图 2.22　纯黏性流体和黏弹性流体在搅拌时的不同现象

尽管魏森贝格效应有相对不同的表现形式，但它们都是法向应力效应的反映。在这类想象中，流体流动的流线是轴向对称的封闭圆环。弹性液体沿圆环流动时，封闭圆环方向的法向应力 σ_{11} 对流体的运动起了限制作用，迫使流体在垂直于层流（同心圆筒形）方向上的法向应力 σ_{22} 作用下，沿半径方向反抗离心力的作用向轴心运动直至平衡，同时在与轴平行方向上的法向应力分量 σ_{33} 的作用下反抗重力，垂直向上运动直至平衡，如图 2.23 所示。这 3 个法向应力分量的共同作用使外层液体向内层液体挤压并向上运动，从而造成上述种种现象。

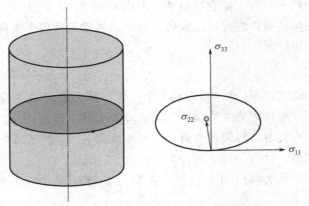

图 2.23　流动法向应力效应示意图

2.4.2.2　模口膨胀

当聚合物熔体从小孔、毛细管或狭缝中挤出时，挤出物的直径或厚度会明显大于模口尺寸，这种现象叫模口膨胀，也叫挤出胀大，亦称作巴勒斯（Barus）效应，如图 2.24 所示。

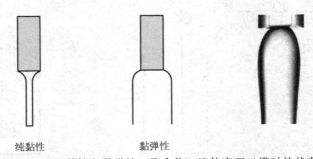

纯黏性　　　　　　　黏弹性

图 2.24　纯黏性和黏弹性（聚合物）流体离开口模时的状态

定义挤出胀大比 B 为

$$B = D_{max}/D \tag{2-64}$$

式中，D_{max} 为挤出物的最大直径；D 为模口直径。对于大多数高聚物，$B=1\sim3$。例如，PS 的 $B=2.5$。

（1）模口膨胀原理

为了更好地说明此过程的机理，考察流动过程中一个熔体体积元的变化，如图 2.25 所示。在进入口模时，体积元发生变形，由于熔体的弹性效应，离开模口后除去了孔壁的束缚，体积元倾向于恢复到进入口模前的形状，仿佛有"记忆"一样，因而这种现象也称为弹性记忆效应。

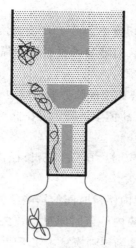

图 2.25　模口膨胀示意图

聚合物熔体的模口膨胀是熔体弹性的一种表现。一方面，熔体进入口模时，由于流线收缩，在流动方向上受到拉伸，发生弹性变形，而在口模中停留的时间又较短，来不及完全松弛到出模口后继续发生回缩；另一方面，熔体在口模内流动时，由于剪切应力和法向应力的作用（σ_{11} 沿流动方向对流体产生拉力），也要发生弹性变形，出模口后要回复。

当口模的长径比 L/R 很小时，前一效应是最主要的，胀大主要由拉伸流动引起，随着 L/R 增大至 $L/R > 16$ 时，B 减小，由拉伸流动引起的变形在口模内已得到充分的松弛回复，因而挤出胀大主要由剪切流动引起。如图 2.25 为聚合物线团在熔体发生拉伸或剪切变形时的形状变化。

当采用大长径比的毛细管时，拉伸流动的贡献可以忽略，挤出物的胀大比与剪切速率有关。在低 $\dot{\gamma}$ 时，$B \approx 1.1$，随 $\dot{\gamma}$ 的增加 B 增大。当 L/R 足够大时，挤出物胀大可以认为完全由剪切流动引起，在这种情况下，B 和 $\dot{\gamma}$ 之间应存在某种关系，已经提出的理论关系式很多，其中与实验数据较符合的是坦纳（Tanner）方程式：

$$B = 0.1 + \left(1 + \frac{\gamma_{R}'}{2}\right)^{\frac{1}{6}} \tag{2-65}$$

式中，γ_{R}' 为可回复的剪切应变。

（2）模口膨胀的影响因素

① 剪切速率的影响

当口模的长径比一定时，B 随 $\dot{\gamma}$ 的增大而增大，并在发生熔体破裂的临界剪切速率 $\dot{\gamma}_{C}$ 之前有最大值 B_{max}，而后 B 值则下降。

② 温度的影响

在低于临界剪切速率$\dot{\gamma}_c$下，B 随温度的升高而降低。但最大膨胀比 B_{max} 随温度的升高而增加。有些特殊材料如聚氯乙烯，B 随温度的升高而增加。

③ 剪切应力的影响

在低于发生熔体破裂的临界剪切应力 τ_c 之下，膨胀比 B 随剪切应力 τ 的增大而增大。高于 τ_c 时 B 值则下降，但在低于 τ_c 并且剪切应力很小时，B 与 τ 无关。

④ 长径比的影响

当剪切速率恒定时，B 随口模长径比 L/D 的增大而降低；在 L/D 超过某一数值时，B 为常数。

⑤ 熔体在口模内停留时间的影响

B 随熔体在口模内停留时间呈指数关系减小。这是由于在停留期内，每个体积单元的弹性变形逐渐得到恢复，使正应力有效减少的缘故，是典型的松弛现象。

⑥ 聚合物结构的影响

B 随聚合物的品种和结构不同而异。当 $\dot{\gamma}$ 和 T 保持不变，随着分子量的增加，B 值增加。当聚合物的分子量大于 M_c 时，B 还随着长支链的增加而增加。

刚性填料的加入一般能使 B 值明显减小，这可能与填料改变流动过程，使毛细管入口处的拉伸流动受到抑制有关，而且，填料的加入提高了熔体的模量，从而导致分子链取向的减小。

2.4.2.3 聚合物流体的不稳定流动

在塑料的挤出或注射成型中常看到这样一种现象，在较低的剪切速率范围内，挤出物的剪切速率过大并超过一定极限值时，从口模中挤出来的挤出物表面变得粗糙、失去光泽、粗细不匀和弯曲，这种现象被称为"鲨鱼皮症"。随着剪切速率的继续增大，挤出物会出现尺寸周期性起伏（如波纹状、竹节状和螺旋状等），直至破裂呈碎块等种种畸变现象，如图 2.26 所示。这些现象统称为不稳定流动或弹性湍流，熔体破裂则指其中最严重的情况。

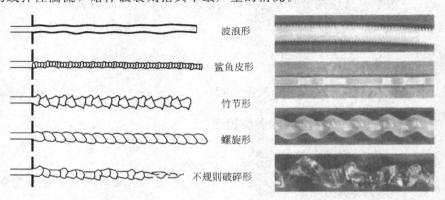

波浪形

鲨鱼皮形

竹节形

螺旋形

不规则破碎形

图 2.26 聚合物熔体的不稳定流动现象

"鲨鱼皮症"主要特征是挤出物周边表面具有周期性的褶皱波纹，但这些波纹并不影响挤出物内部的材料结构，该现象在聚合物的挤出过程中，尤其是挤出的初期是常见的现象。

造成鲨鱼皮症的原因有以下 4 个因素。

① 口模出口区高聚物熔体分子的不稳定性。

② 表观剪切速率和口模半径的乘积是常数。

③ 临界剪切速率随挤塑温度的升高而变大。

④ 口模壁面的表面粗糙度大。经表面涂覆处理，可减少鲨鱼皮症。

图 2.27 为 LLDPE 在不同剪切速率下制品表面形貌。线型低密度聚乙烯 (linear low density polyethylene，LLDPE) 具有大量的短支链，具有较高的抗拉强度、较高的冲击性能和耐压缩性能，可用来制备很薄的薄膜，耐化学品、耐紫外光性良好。

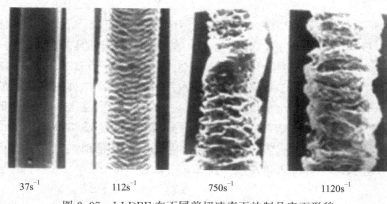

$37s^{-1}$ $112s^{-1}$ $750s^{-1}$ $1120s^{-1}$

图 2.27　LLDPE 在不同剪切速率下的制品表面形貌

一般认为聚合物熔体出现的这些现象与熔体的弹性效应有关，引起缺陷的原因大致可以归纳为两种。

（1）滑黏现象

即在高剪切速率条件下，在聚合物熔体与毛细管壁处的滑移现象。其原因是聚合物熔体在剪切速率最大的毛细管壁处的表观黏度最低，流动分级效应会使低分子量部分较多地集中于毛细管壁处，也使管壁处熔体的黏度最低。它们总的结果是熔体沿管壁发生整体滑移，从而导致不稳定流动，流速不再均匀，而是出现脉动，因此表现为挤出物表面粗糙或横截面的脉动变化。

（2）熔体破裂

熔体受到过大的应力作用时，发生类似于橡胶断裂方式的破裂。熔体发生破裂时，取向的分子链急速回缩解取向，随后熔体流动又逐渐重新建立起这种取

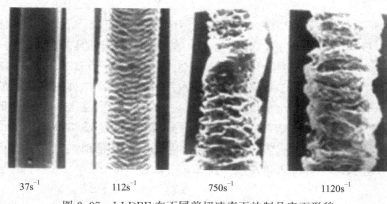

向，直至发生下一次破裂，从而使挤出物外观发生周期性的变化，其至发生不规则的扭曲或破裂成碎块。

一般认为熔体破裂是拉伸应力造成的，而不是剪切应力。因此这种过程往往发生在靠近毛细管入口处，这里由于管道的截面积有较大的变化，流线收敛，熔体流动受到很大的拉伸应力。而滑黏现象则往往出现在毛细管内或出口端附近。上述两种原因也可能同时存在，视具体情况而定。

2.4.2.4 入口效应

被挤压的聚合物熔体通过一个狭窄的口模，即使口模的通道长度很短，也会有明显的压力降，这种现象称为入口效应。

聚合物熔体从大直径料筒进入小直径口模有能量损失，如图2.28所示。若料筒中某点与口模出口之间总压力降为 ΔP，则可将其分成三部分：

$$\Delta P = \Delta P_{en} + \Delta P_{di} + \Delta P_{ex} \tag{2-66}$$

式中，ΔP_{di} 为口模内的压力降，取决于稳态层流的黏性能量损失；ΔP_{ex} 为口模出口压力降，是聚合物熔体在出口处所具有的压力。就牛顿流体而言，$\Delta P_{ex}=0$，而对非牛顿流体 $\Delta P_{ex}>0$。ΔP_{en} 为口模入口处的压力降，主要由三个原因造成：①物料从料筒进入口模时，由于熔体黏滞流动的流线在入口处产生收敛因而引起能量损失，从而造成压力降。②在入口处由高聚物熔体产生弹性变形，因弹性能储存的能量消耗，造成压力降。③熔体流经入口处，由于剪切速率的剧烈增加引起流体流动骤变，为达到稳定的流速分布而造成压力降。对于黏弹性流体，可将入口总压力降 ΔP_{en} 分为两部分：

$$\Delta P_{en} = \Delta P_{vis} + \Delta P_{els} \tag{2-67}$$

式中，ΔP_{vis} 为黏性压力降；ΔP_{els} 为弹性压力降。一般，$\Delta P_{vis}<5\%\Delta P_{els}$，所以实际上入口处压力降的绝大部分都是熔体的弹性引起的。

线型高分子与支化高分子常常表现出不同的不稳定流动现象。例如高密度聚

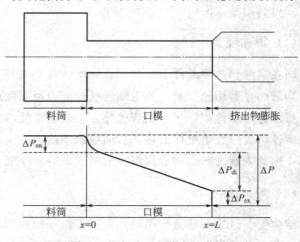

图 2.28 入口压力效应示意图

乙烯和等规聚丙烯等熔体的挤出物畸变程度一般会随口模长度增加而增大，口模入口处的形状对出现挤出物畸变的临界剪切速率值影响不大；而低密度聚乙烯等支化聚合物的熔体挤出物畸变程度却会随口模的长度增加而减小，畸变频率更小。根据前面分析，一般认为两类聚合物熔体不稳定流动的主要原因可能分别对应于前面分析的两种原因。高密度聚乙烯等线型聚合物的不稳定流动主要表现为出口效应，其口模入口处流线扫过整个入口前的容器，成轴对称，因而入口处的形状影响不大，口模内剪切流动造成滑黏现象，所以口模愈长畸形愈严重；低密度聚乙烯等支化聚合物熔体的不稳定流动主要表现为入口效应，酒杯形收缩的流线增加了熔体所受的拉伸应力，在高剪切速率时发生拉伸破裂，死角处的漩涡（弹性湍流）进入口模处的流线发生暂时的周期性挤出物不均匀收缩和螺旋状畸形，口模加长，破裂的熔体在口模内可能完全或部分愈合，从而使挤出物畸变程度减小。

第 2 章　聚合物流体的黏性与弹性

第 3 章　聚合物流体的流动分析

聚合物可以采用注射、挤出、吹塑、模压和压延等不同方法加工成型，成型设备不同，加工工艺的改变，使聚合物流体表现出复杂的流变行为。尽管加工成型设备种类繁多而且结构复杂，但对不同设备的流道、口模以及模具形状进行归纳发现，流道的截面形状都比较简单，如圆形、环形、狭缝、矩形、梯形或椭圆形等。通常，根据流道形状的不同，聚合物流体的流动方式有圆管中的流动、狭缝中的流动、同轴环隙中的旋转流动、平圆盘中的扭转流动、同轴环隙的压力流动、同轴环隙的轴向拖曳流动、螺旋流动、平行板间的压力流动与拖曳流动等。本章针对不同形状的流道中对聚合物流体的流动行为进行分析，计算应力、应变速率、流体流动速率等参数，有助于更好地进行聚合物的成型加工。

3.1　聚合物流体在圆管中的流动

聚合物流体在圆管中的流动典型应用有毛细管流变仪、熔体指数测定仪、乌氏黏度计、圆形挤出机口模等。其流动特点为流动的流道边界是刚性和静止不动的，聚合物流体受压力推动，受剪切作用，表现稳态流动特征。但是实际流动情况非常复杂，譬如：①存在自由体积，流动过程中可压缩（百分之几）；②高剪切速率下，管壁发生流体滑移；③温度场不均匀，影响密度、黏度、流动速度和体积流率等。这些因素会使流动分析和计算变得非常复杂。但由于大多数聚合物流体黏度很高（一般达 $10^2 \sim 10^6$ Pa·s），并且在正常加工过程中很少出现扰动，因此在分析讨论聚合物流体在管道中的流动行为时，为了简化分析与计算，需要假定若干条件。

在多数情况下，聚合物流体表现出稳定的层流（laminar flow）流动并服从幂律定律，因此可假定其流动符合以下特征：①流体是不可压缩的；②流动是充分发展的稳定流动；③不考虑末端效应；④边界无滑移；⑤忽略重力作用；⑥在圆管中流动是对称的；⑦等温，忽略黏性耗散；⑧与流动垂直的方向上无压力分布。

(1) 流体在圆管中的剪切力分布

圆管状的流体尺寸见图 3.1。图中，R 为圆管半径，L 为待分析的流场长度，ΔP 为压力差，τ_r 为半径方向的剪切应力。显然，对于稳定层流，推动力与剪切阻力相等，即：

$$\pi r^2 \Delta P = 2\pi r L \tau_r \tag{3-1}$$

整理得：

$$\tau_r = \frac{r \Delta P}{2L} \tag{3-2}$$

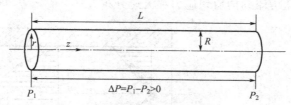

图 3.1 长圆管中的压力流动示意图

在符合上述假定的情况下，剪切应力与半径呈线性关系，与流体的种类无关。当 $r=0$ 时，即在圆管正中间，流动阻力最小，流速最大。在管壁处，即 $r=R$ 时，阻力最大，即 $\tau_r = \tau_w = \dfrac{R \Delta P}{2L}$（$\tau_w$ 为管壁处的剪切应力），此处流速为零。

(2) 流体在圆管中的速度分布

已知幂律流体 $\tau = K\dot{\gamma}^n$（$\dot{\gamma} > 0$），对于圆管中的流动，假设 v_r 是 r 方向的流速：

$$\dot{\gamma} = -\frac{\mathrm{d}v_r}{\mathrm{d}r} > 0, \quad -\mathrm{d}v_r = \dot{\gamma}\,\mathrm{d}r \tag{3-3}$$

积分得，

$$\int_r^R -\mathrm{d}v = \int_r^R \dot{\gamma}\,\mathrm{d}r \tag{3-4}$$

则：

$$-v\big|_r^R = -v_R + v_r = v_r,（假定 v_R = 0）$$

即

$$v_r = \int_r^R \dot{\gamma}\,\mathrm{d}r \tag{3-5}$$

由于幂律流体的剪切速率 $\dot{\gamma} = \left(\dfrac{\tau}{K}\right)^{\frac{1}{n}}$，因此将 $\tau = \dfrac{r \Delta P}{2L}$ 代入得：

$$\dot{\gamma} = \left(\frac{r\Delta P}{2LK}\right)^{\frac{1}{n}} \tag{3-6}$$

将式(3-6)代入式(3-5)积分：

$$v_r = \int_r^R \left(\frac{r\Delta P}{2LK}\right)^{\frac{1}{n}} dr = \left(\frac{\Delta P}{2LK}\right)^{\frac{1}{n}} \int_r^R r^{\frac{1}{n}} dr = \frac{n}{n+1}\left(\frac{\Delta P}{2LK}\right)^{\frac{1}{n}}\left(R^{\frac{1}{n}+1} - r^{\frac{1}{n}+1}\right) \tag{3-7}$$

这就是幂律流体在圆管中层流速度分布，验证如下。

① 当 $r=R$ 时，$v=0$，与假设一致；当 $r=0$ 时，管中间流速最大：

$$v_{r\max} = \frac{n}{n+1}\left(\frac{\Delta P}{2LK}\right)^{\frac{1}{n}} R^{\frac{1}{n}+1} \tag{3-8}$$

② 对于牛顿流体，$n=1$；流速 v_r 呈现二次抛物线分布。图 3.2 给出了长圆管中压力流动的剪切应力和流速分布。

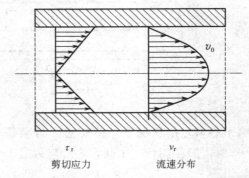

τ_r v_r

剪切应力   流速分布

图 3.2　长圆管中压力流动的剪切应力和流速分布

(3) 流体在圆管中剪切速率与半径的关系

将流速对半径求导：

$$\frac{dv_r}{dr} = -\frac{n}{n+1}\left(\frac{\Delta P}{2LK}\right)^{\frac{1}{n}}\frac{n+1}{n}r^{\frac{1}{n}} \tag{3-9}$$

则圆管中任意一点的剪切速率为：

$$\dot{\gamma}_r = -\frac{dv_r}{dr} = \left(\frac{\Delta P}{2LK}\right)^{\frac{1}{n}} r^{\frac{1}{n}} \tag{3-10}$$

而管壁处的剪切速率为：

$$\dot{\gamma}_w = \left(\frac{\Delta P}{2LK}\right)^{\frac{1}{n}} R^{\frac{1}{n}} \tag{3-11}$$

即：

$$\frac{\dot{\gamma}_r}{\dot{\gamma}_w} = \left(\frac{r}{R}\right)^{\frac{1}{n}} \tag{3-12}$$

以 $\dot{\gamma}_r/\dot{\gamma}_w$ 对 r/R 作图，如图 3.3 所示。圆管的管壁处剪切速率最大，中心线处剪切速率为零；此外，圆管中任意一点处的剪切速率呈现抛物线分布的形态。实际上图描述的内容与图 3.2 一致。

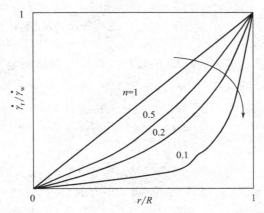

图 3.3 长圆管中压力流动时 $\dot{\gamma}_r/\dot{\gamma}_w$ 与 r/R 关系图

（4） 流体在管道中的体积流量方程

在圆管中取一环形微元，如图 3.4 所示，则半径为 r 处，环形面积为 $2\pi r\,\mathrm{d}r$。则流量为：

$$\mathrm{d}Q = 2\pi r v_r\,\mathrm{d}r \tag{3-13}$$

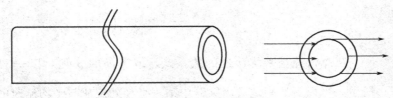

图 3.4 长圆管中压力流动的环形微元示意图

对式(3-13) 积分：

$$Q = \int_r^R 2\pi r v_r\,\mathrm{d}r \tag{3-14}$$

展开得：

$$Q = \int_r^R 2\pi r \frac{n}{n+1}\left(\frac{\Delta P}{2LK}\right)^{\frac{1}{n}}\left(R^{\frac{1}{n}+1} - r^{\frac{1}{n}+1}\right)\mathrm{d}r \tag{3-15}$$

则：

$$Q = \int_r^R 2\pi \frac{n}{n+1}\left(\frac{\Delta P}{2LK}\right)^{\frac{1}{n}}\left(R^{\frac{1}{n}+1} r - r^{\frac{1}{n}+2}\right)\mathrm{d}r = 2\pi \frac{n}{n+1}\left(\frac{\Delta P}{2LK}\right)^{\frac{1}{n}}\left(R^{\frac{1}{n}+1}\frac{r^2}{2}\Big|_0^R - \frac{r^{\frac{1}{n}+3}}{\frac{1}{n}+3}\Big|_0^R\right)$$

$$= 2\pi \frac{n}{n+1}\left(\frac{\Delta P}{2LK}\right)^{\frac{1}{n}}\left(\frac{1}{2} - \frac{n}{3n+1}\right)R^{\frac{1}{n}+3} = \frac{n\pi R^3}{3n+1}\left(\frac{R\Delta P}{2KL}\right)^{\frac{1}{n}} \tag{3-16}$$

式(3-16) 为长圆管中压力流动的体积流量方程。对于牛顿流体，将 $n=1$ 代入可得：

$$Q = \frac{\pi R^3}{3+1}\left(\frac{R\Delta P}{2KL}\right) \tag{3-17}$$

这就是著名的哈根-泊肃叶方程。根据体积流量方程，可以推导出圆管中某一半径处的流速与平均流速的关系：

$$\bar{v} = \frac{Q_R}{\pi R^2} = \frac{nR}{3n+1}\left(\frac{R\Delta P}{2KL}\right)^{\frac{1}{n}} = \left(\frac{\Delta P}{2KL}\right)^{\frac{1}{n}}\frac{n}{3n+1}R^{\frac{1}{n}+1} \tag{3-18}$$

由于：

$$v_r = \frac{n}{n+1}\left(\frac{\Delta P}{2LK}\right)^{\frac{1}{n}}(R^{\frac{1}{n}+1} - r^{\frac{1}{n}+1})$$

则：

$$\frac{v_r}{\bar{v}} = \frac{3n+1}{n+1}\left(\frac{R^{\frac{1}{n}+1} - r^{\frac{1}{n}+1}}{R^{\frac{1}{n}+1}}\right) = \frac{3n+1}{n+1}\left[1 - \left(\frac{r}{R}\right)^{\frac{1}{n}+1}\right] \tag{3-19}$$

当 $n \to \infty$ 时，式(3-19) 为一直线方程：

$$\frac{v_r}{\bar{v}} = \frac{3n+1}{n+1}\left[1 - \left(\frac{r}{R}\right)^{\frac{1}{n}+1}\right] = 3\left(1 - \frac{r}{R}\right) \tag{3-20}$$

当 $n=1$ 时，流速与平均流速的关系用抛物线方程描述如下：

$$\frac{v_r}{\bar{v}} = 2\left[1 - \left(\frac{r}{R}\right)^2\right] \tag{3-21}$$

根据流速与平均流速的关系式，取不同的 n 值，以 $\frac{v_r}{\bar{v}}$ 对 $\frac{r}{R}$ 作图，如图 3.5 所示，可以更清晰地看出圆管中某一半径处流速与平均流速的关系。

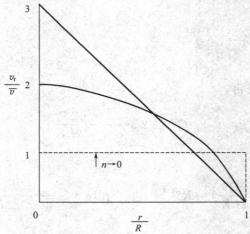

图 3.5 长圆管中压力流动时 $\frac{v_r}{\bar{v}}$ 与 $\frac{r}{R}$ 的关系

显然，对于幂律流动，$\dfrac{\overline{v}}{v_{\max}}=\dfrac{n+1}{3n+1}$；而对于 $n\to 0$ 的极限情况，$\dfrac{\overline{v}}{v_{\max}}\to 1$。如果取不同的 n 值，可以得到不同的流动速度分布曲线。对于牛顿流体（$n=1$），速度分布曲线为抛物线形；对于胀塑性流体（$n>1$），速度分布曲线形状变得尖锐，n 值越大，越接近于锥形；对于假塑性流体（$n<1$），分布曲线则较抛物线平坦，n 越小，管中心部分的速度分布越平坦，当 n 趋向于 0 时曲线形状类似于柱塞，故称这种流动为"塞流"，也可称为"平推流"。

由于柱塞流动中流体受到的剪切很小，故聚合物流体在流动过程中不易得到良好的混合，均匀性差，因此其制品性能降低。这不利于多相多组分的聚合物体系（聚合物的混合物或有其他添加剂如增塑性、增强型、增韧组分的聚合物体系）的加工。而抛物线形流体不仅能使流体受到较大的剪切作用，而且在流体流经挤出机的口模或注塑机的喷嘴时产生涡流，增大扰动，因此提高了混合的均匀程度。

(5) 流体在圆管中的压强

考察流体管中流动特征，首先定义流体管壁的表观黏度为

$$\eta_{\mathrm{pw}}=\frac{\tau_{\mathrm{w}}}{\dot{\gamma}_{\mathrm{w}}} \tag{3-22}$$

已知流量为：

$$\pi R^{2}\overline{v}=\frac{n\pi R^{3}}{3n+1}\left(\frac{\tau_{\mathrm{w}}}{K}\right)^{\frac{1}{n}} \tag{3-23}$$

将幂律方程代入式（3-23）得到：

$$\dot{\gamma}_{\mathrm{w}}=\frac{8\overline{v}}{D}\left(\frac{3n+1}{4n}\right) \tag{3-24}$$

式中，$\dfrac{8\overline{v}}{D}$ 称为流动特征，也称表观剪切速率。实际上它是牛顿流动管壁处的剪切速率，所以式（3-24）为幂律流动在管壁处的剪切速率的修正方程，这就是剪切速率的修正方程的特例。

定义管中流动表观黏度为：

$$\eta_{\mathrm{p}}=\frac{\tau_{\mathrm{w}}}{\dfrac{8\overline{v}}{D}(\dot{\gamma}_{\mathrm{w}})}=\frac{K\dot{\gamma}_{\mathrm{w}}^{n}}{\dfrac{8\overline{v}}{D}}=\frac{K\left(\dfrac{8\overline{v}}{D}\right)^{n}\left(\dfrac{3n+1}{4n}\right)^{n}}{\dfrac{8\overline{v}}{D}}=K\left(\dfrac{3n+1}{4n}\right)^{n}\left(\dfrac{8\overline{v}}{D}\right)^{n-1}=K'\left(\dfrac{8\overline{v}}{D}\right)^{n-1}$$

$$\tag{3-25}$$

定义非牛顿流体管中雷诺数：

$$N_{Re}=\frac{D\overline{v}\rho}{\eta_{\mathrm{p}}}=\frac{D\overline{v}\rho}{K\left(\dfrac{3n+1}{4n}\right)^{n}\left(\dfrac{8\overline{v}}{D}\right)^{n-1}}=\frac{D\overline{v}\rho}{K'\left(\dfrac{8\overline{v}}{D}\right)^{n-1}} \tag{3-26}$$

确定圆管两端压强差 ΔP 为：

$$\Delta P = \frac{4L\tau_\mathrm{w}}{D} = \frac{4L}{D}K\dot{\gamma}_\mathrm{w}^n = \frac{4L}{D}K\left(\frac{8\bar{v}}{D}\right)^n\left(\frac{3n+1}{4n}\right)^n = \frac{4L}{D}K'\left(\frac{8\bar{v}}{D}\right)^n \qquad (3\text{-}27)$$

得到：

$$\Delta P = 4f\frac{L}{D}\left(\frac{\rho\bar{v}^2}{2}\right) \qquad (3\text{-}28)$$

式中，f 为摩擦系数。查工程手册 $f\text{-}N_{Re}$ 表得到 f，从而求得 ΔP。

(6) 体积流量分析

结合式(3-17)，可知体积流量的方程为

$$Q_\mathrm{R} = \frac{n\pi R^3}{3n+1}\left(\frac{R\Delta P}{2KL}\right)^{\frac{1}{n}} \qquad (3\text{-}29)$$

显然，$\Delta P \propto \dfrac{LQ^n}{R^{3n+1}}$；假定 L、R 不变，那么 $\Delta P \propto Q^n$。

3.2　平行板间的压力流动

聚合物在板材、片材挤出口模中的流动属于这类流动，如图 3.6 所示。设两平行板无穷大，B、W、L 分别为板间的间距、板的宽度及板的长度，如若 $B \ll W$，$B \ll L$，则进行流动分析时可假设平行板间的压力流动与圆管间的压力流动相同。显然，流体流动速度为 $\bar{v} = [v_x(y), 0, 0]$，其边界条件为：$v_x\big|_{y=\frac{B}{2}} = 0$，$\dfrac{\mathrm{d}v_x}{\mathrm{d}y}\bigg|_{y=0} = 0$。

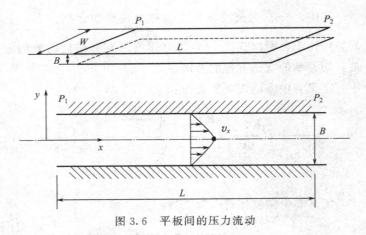

图 3.6　平板间的压力流动

对牛顿流体，流动速度 v_x 为

$$v_x = \frac{\Delta P B^2}{8\mu L} \left[1 - \left(\frac{2y}{B} \right)^2 \right] \tag{3-30}$$

$$v_{x,\max} = \frac{\Delta P B^2}{8\mu L} \tag{3-31}$$

体积流量为：

$$Q = 4 \int_0^{\frac{B}{2}} \int_0^{\frac{W}{2}} v_x \, \mathrm{d}z \, \mathrm{d}y = 2W \int_0^B v_x \, \mathrm{d}y = \frac{\Delta P B^3 W}{12\mu L} \tag{3-32}$$

平均速度为：

$$\overline{v}_x = \frac{Q}{WB} = \frac{\Delta P B^2}{12\mu L} = \frac{2}{3} v_{x,\max} \tag{3-33}$$

剪切速率为：

$$\dot{\gamma} = \frac{\mathrm{d}v_x}{\mathrm{d}y} = -\frac{\Delta P}{\mu L} y$$

$$\dot{\gamma} \big|_{\frac{B}{2}} = -\frac{\Delta P B}{2\mu L} \tag{3-34}$$

剪切应力为：

$$\tau_{xy} = \mu \frac{\mathrm{d}v_x}{\mathrm{d}y} = -\frac{\Delta P}{L} y$$

$$\tau_{xy} \big|_{\frac{B}{2}} = -\frac{\Delta P B}{2L} \tag{3-35}$$

对于符合幂律定律的聚合物流体，其流动速率为：

$$v_x = \frac{nB}{2(1+n)} \left(\frac{B \Delta P}{2\mu L} \right)^{\frac{1}{2}} \left(1 - \left| \frac{2y}{B} \right|^{1+\frac{1}{n}} \right) \tag{3-36}$$

则：

$$\frac{\mathrm{d}v_x}{\mathrm{d}y} = \frac{nB}{2(1+n)} \left(\frac{B \Delta P}{2\mu L} \right)^{\frac{1}{2}} \frac{1}{n} \left(\frac{2y}{B} \right)^{\frac{1}{n}} \frac{2}{B} = \frac{1}{n+1} \left(\frac{\Delta P y}{\mu L} \right)^{\frac{1}{n}} \tag{3-37}$$

可得到，两平板间单位宽度流体的流量为：

$$\frac{Q}{W} = \frac{nB^2}{2(1+2n)} \left(\frac{B \Delta P}{2\mu L} \right)^{\frac{1}{n}} \tag{3-38}$$

3.3 平行板间的拖曳流动

平板间的拖曳流动如图 3.7 所示。这种流动产生于两块无限大平行平板之间，其中一块平板相对于另一块做拖曳平行运动。当流动为层流时，流体在流动方向所受到的剪切应力 τ_{yx} 满足：

$$\frac{\mathrm{d}\tau_{yx}}{\mathrm{d}y} = 0 \tag{3-39}$$

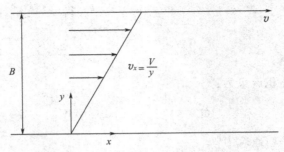

图 3.7　平板间的压力流动

剪切应力 τ_{yx} 为常数是这个方程的解。假定在稳态时剪切应力只是剪切速率的函数，即可推论出剪切速率必须为常数。如果假设流场为 $v=[v_x(y),0,0]$，则可得出：

$$\frac{\mathrm{d}v_x}{\mathrm{d}y}=常数 \tag{3-40}$$

此方程满足边界条件 $y=0$ 时，$v_x=0$；$y=B$ 时 $v_x=V$ 的解为：

$$v_x=\frac{V}{B}y \tag{3-41}$$

同样地，在 z 方向上每单位宽度 W 的体积流量可计算为：

$$Q=\frac{1}{2}VBW \tag{3-42}$$

此方程对牛顿流体和非牛顿流体都成立。

3.4　环形圆管中的压力流动

在环形圆管中，流体处于两个长度为 L、半径为 R_i 和 R_0 的同心圆筒之间，假设圆筒是静止的，速度矢量为：

$$v=[0,0,v_{z(r)}] \tag{3-43}$$

于是 $v_r=v_\theta=0$，即运动方程和圆形界面导管的情况是一样的。

在 $r=R_i$ 和 R_0 时，$v_z=0$ 的边界条件下，可得速度方程如下：

$$v_z=\frac{\Delta PR_0^2}{4\eta L}\left[1-\left(\frac{r}{R_0}\right)^2+\frac{1-k^2}{\ln(1/k)}\ln\frac{r}{R_0}\right] \tag{3-44}$$

式中，$k=\dfrac{R_i}{R_0}<1$。

体积流量为：

$$Q=\frac{\pi\Delta PR_0^4}{8\eta L}\left[1-k^4-\frac{(1-k^2)^2}{\ln(1/k)}\right] \tag{3-45}$$

聚合物流变学基础

3.5 环形圆管中的拖曳流动

环形圆管中的拖曳流动发生在两个同轴圆筒间，如图 3.8 所示。这种情况下，外圆筒和内圆筒之间环形部分内的任一质点仅围绕着内外管的轴以角速度 w 做圆周运动，采用圆柱坐标 (r, θ, z) 进行流动分析较为方便，z 轴为内外管的轴向。显然，流体没有沿 z 或 r 方向的流动，w 仅与 r 有关而与 θ 与 z 无关。由于只存在绕轴的圆周运动，所以 $\tau_{rz} = \tau_{\theta z} = 0$，剪切应力 $\tau_{r\theta} = \tau_{\theta r}$，则剪切速率为：

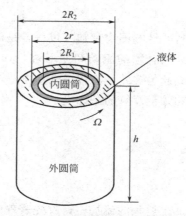

图 3.8 同轴圆筒间的拖曳流动

$$\dot{\gamma} = \frac{\mathrm{d}v}{\mathrm{d}r} = \frac{r\,\mathrm{d}w}{\mathrm{d}r} \tag{3-46}$$

要保持这一流动，对离轴 r 的流动层必须施加扭矩 M_r：

$$M_r = \tau_{\theta r} 2\pi r^2 h \tag{3-47}$$

式中，h 为内外圆筒的高度。

设内圆筒固定，外圆筒以角速度 Ω 旋转，对于牛顿流体：

$$w_r = \Omega \frac{r^2 - R_1^2}{R_2^2 - R_1^2} \frac{R_2^2}{r^2} \tag{3-48}$$

$$\dot{\gamma}_r = \frac{r\,\mathrm{d}w_r}{\mathrm{d}r} = 2\Omega \frac{R_1^2 R_2^2}{r^2 (R_2^2 - R_1^2)} \tag{3-49}$$

将 $\tau_{r\theta} = \eta \dot{\gamma}_r = \dfrac{M}{2\pi r^2 h}$ 代入式 (3-49) 得：

$$\eta = \frac{M R_1^2 R_2^2}{4\pi h R_1^2 R_2^2 \Omega} \tag{3-50}$$

式 (3-50) 即为用同轴圆筒流动测量黏度的基本方程式。

第4章　流变学基本方程及应用

聚合物流变学基础

高分子材料的性能测定和加工过程，是流变学的主要研究范围和对象。为了定量地分析研究聚合物的流动和变形过程，必须建立起描述这个过程的数学方程，即本章建立起的连续性方程、动量方程和能量方程，且这些数学方程必须建立在矢量模型和张量运算的基础上。

4.1　连续性方程

聚合物在加工过程的流场中，首先表现为连续介质的性质。连续介质就是把物体看做是由一个挨一个的、具有确定质量的、连续的充满空间的众多微小质点所组成的。例如流体，这些流体质点（亦称流体微团）之间无孔洞，相邻微团在流动过程中不能超越也不能落后，在微团形变过程中相邻微团永远连接在一起。实际上，微团（质点）内包含众多的分子，所以微团的性质是众多分子的统计平均性质——宏观性质，微团的运动是分子集合的总体运动——宏观运动。之所以对物体运动的宏观物理量做一个连续变化的假设，是因为有了这一假设，就可以应用数学分析中的连续函数概念进行数学解析了。

流变过程中的连续方程是流体动力学三大基础方程（连续性方程、运动方程、能量方程）之一，是基础之基础。它是根据质量守恒定律建立起来的。下面先做一般的推导，后进行一些讨论。

4.1.1　连续性方程的推导

（1）偏微分形式的连续性方程

连续性方程是质量守恒定律的数学表达式。它既可在直角坐标系中导出，也可在曲线坐标系中导出。关于曲线坐标的问题，我们将在后面讨论。现以较简单的直角坐标系为例，用如图 4.1 所示的"微小立方体积元"（也称无限小体元或微元体）推导连续性方程。

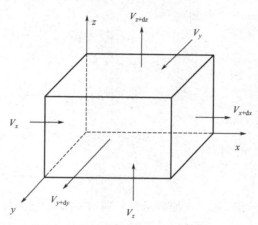

图 4.1　微元体示意图

如图 4.1 所示，现设，ρ 为流体的密度；V 为流动体系的体积，微元体积 $dV = dx\,dy\,dz$，V 是在流场中任意取的；S 为假想面；v 为流体的流速，v_x、v_y、v_z 分别为 x、y、z 方向上流体流速分量。则单位时间（t）内从 x、y、z 方向进入 dV 的流量为 $\rho v_x\,dy\,dz$、$\rho v_y\,dx\,dz$、$\rho v_z\,dx\,dy$；同理，单位时间（t）内从 x、y、z 方向流出 dV 的流量为 $\rho v_{x+dx}\,dy\,dz$、$\rho v_{y+dy}\,dx\,dz$、$\rho v_{z+dz}\,dx\,dy$。

假如单组分系统流动过程中，没有化学变化，则根据质量守恒定律得知，对于单位体积而言：

单位时间内质量的累积量＝进入量－流出量

这样，对于整个体积 V 来说，累积量为：

$$\iiint_V \frac{\partial \rho}{\partial t}dV = \iint_S (\rho v_x\,dy\,dz - \rho v_{x+dx}\,dy\,dz)_x + \iint_S (\rho v_y\,dx\,dz - \rho v_{y+dy}\,dx\,dz)_y + \iint_S (\rho v_z\,dy\,dx - \rho v_{z+dz}\,dy\,dx)_z$$

上式中的 $\rho v_x\,dy\,dz - \rho v_{x+dx}\,dy\,dz$ 代表垂直于 x 方向的面（$dy\,dz$）上进出量之差；$\rho v_y\,dx\,dz - \rho v_{y+dy}\,dx\,dz$ 代表垂直于 y 方向的面（$dx\,dz$）上进出量之差；$\rho v_z\,dy\,dx - \rho v_{z+dz}\,dy\,dx$ 代表垂直于 z 方向的面（$dy\,dx$）上进出量之差。整理得：

$$\iiint_V \frac{\partial \rho}{\partial t}dV = \iint_S (\rho v_x - \rho v_{x+dx})dy\,dz + \iint_S (\rho v_y - \rho v_{y+dy})dx\,dz + \iint_S (\rho v_z - \rho v_{z+dz})dy\,dx$$

(4-1)

由泰勒级数展开，略去高阶微量，得到"单位时间内从 x、y、z 方向由 dV 的流出量"为

$$\rho v_{x+dx} = \rho v_x + \frac{\partial \rho v_x}{\partial x} d x$$

$$\rho v_{y+dy} = \rho v_y + \frac{\partial \rho v_y}{\partial y} d y$$

$$\rho v_{z+dz} = \rho v_z + \frac{\partial \rho v_z}{\partial z} d z$$

移项，得

$$\rho v_x - \rho v_{x+dx} = -\frac{\partial \rho v_x}{\partial x} d x$$

$$\rho v_y - \rho v_{y+dy} = -\frac{\partial \rho v_y}{\partial y} d y$$

$$\rho v_z - \rho v_{z+dz} = -\frac{\partial \rho v_z}{\partial z} d z$$

将上述三式带入原积分式，将曲面积分变为体积分，则

$$\iiint_V \frac{\partial \rho}{\partial t} dV = \iiint_V -\left(\frac{\partial \rho v_x}{\partial x} + \frac{\partial \rho v_y}{\partial y} + \frac{\partial \rho v_z}{\partial z} \right) dx\, dy\, dz$$

即得

$$\frac{\partial \rho}{\partial t} = -\left(\frac{\partial \rho v_x}{\partial x} + \frac{\partial \rho v_y}{\partial y} + \frac{\partial \rho v_z}{\partial z} \right) \qquad (4\text{-}2)$$

这就是单组分系统在直角坐标中偏微分形式的连续性方程。该连续性方程的物理意义：微元体积 dV 在单位时间内的累积量（增量）＝单位时间内净流入该体积 dV 内的流体质量。由于等式右边是负的，所以实际上是流出量，即等于沿 x、y、z 方向发散出去的质量（简称发散量）。这样，流动过程才能保持连续性，即遵循质量守恒定律。

该方程还可以理解为：

输出的质量流率－输入的质量流率＋累积的质量流率＝0

（2）偏导数形式的连续性方程——偏微分方程

根据哈密尔顿算子的基本概念及物理意义，可知：

密度梯度：
$$\nabla \rho = \frac{\partial \rho}{\partial x} \boldsymbol{i} + \frac{\partial \rho}{\partial y} \boldsymbol{j} + \frac{\partial \rho}{\partial z} \boldsymbol{k}$$

散度：$\nabla \cdot \rho \boldsymbol{v} = \left(\frac{\partial}{\partial x} \boldsymbol{i} + \frac{\partial}{\partial y} \boldsymbol{j} + \frac{\partial}{\partial z} \boldsymbol{k} \right) \cdot (\rho v_x \boldsymbol{i} + \rho v_y \boldsymbol{j} + \rho v_z \boldsymbol{k}) = \frac{\partial \rho v_x}{\partial x} + \frac{\partial \rho v_y}{\partial y} + \frac{\partial \rho v_z}{\partial z}$

它反映了流场中质量的发散量。

可将连续性方程转化为：

$$\frac{\partial \rho}{\partial t} = -\left(\frac{\partial \rho v_x}{\partial x} + \frac{\partial \rho v_y}{\partial y} + \frac{\partial \rho v_z}{\partial z} \right) = -\nabla \cdot \rho \boldsymbol{v} = -\mathrm{div} \rho \boldsymbol{v}$$

所以，得到：

$$\frac{\partial \rho}{\partial t} = -\nabla \cdot (\rho v) \qquad\qquad (4\text{-}3)$$

如前所述，$\nabla \cdot (\rho v)$ 是散度，所以具有发散性，而 $\frac{\partial \rho}{\partial t}$ 则成为敛集度。

（3）全导数形式的连续性方程

假设密度 ρ 是时间 t 和空间 x、y、z 的函数，即 $\rho = \rho(t, x, y, z)$，则根据全微分的定义，可得：

$$d\rho = \frac{\partial \rho}{\partial t}dt + \frac{\partial \rho}{\partial x}dx + \frac{\partial \rho}{\partial y}dy + \frac{\partial \rho}{\partial z}dz \qquad\qquad (4\text{-}4)$$

两边同时除以 dt，得到

$$\frac{d\rho}{dt} = \frac{\partial \rho}{\partial t} + \frac{\partial \rho}{\partial x}\frac{dx}{dt} + \frac{\partial \rho}{\partial y}\frac{dy}{dt} + \frac{\partial \rho}{\partial z}\frac{dz}{dt} \qquad\qquad (4\text{-}5)$$

根据速度的微分定义式，$v = \frac{ds}{dt}$，s 为位移，则式(4-5) 可化为

$$\begin{aligned}
\frac{d\rho}{dt} &= \frac{\partial \rho}{\partial t} + \frac{\partial \rho}{\partial x}v_x + \frac{\partial \rho}{\partial y}v_y + \frac{\partial \rho}{\partial z}v_z \\
&= \frac{\partial \rho}{\partial t} + (v_x \boldsymbol{i} + v_y \boldsymbol{j} + v_z \boldsymbol{k})\left(\frac{\partial \rho}{\partial x}i + \frac{\partial \rho}{\partial y}j + \frac{\partial \rho}{\partial z}k\right) \qquad (4\text{-}6) \\
&= \frac{\partial \rho}{\partial t} + \boldsymbol{v} \cdot \nabla \rho
\end{aligned}$$

或

$$= \frac{\partial \rho}{\partial t} + (\boldsymbol{v} \cdot \nabla)\rho \qquad\qquad (4\text{-}7)$$

式(4-7) 是连续性方程一种很重要的形式，关于其含义及由此引申的意义将在后面讨论。式(4-7) 还可以进一步变化，如将场论中哈密尔顿算子的恒等式

$$\nabla \cdot (\varphi v) = \varphi \nabla \cdot \boldsymbol{v} + \boldsymbol{v} \cdot \nabla \varphi \qquad\qquad (4\text{-}8)$$

用于上述偏导数形式的连续性方程式中，则

$$\frac{\partial \rho}{\partial t} = -\nabla \cdot (\rho v) = -\rho \nabla \cdot \boldsymbol{v} - \nabla \rho \cdot \boldsymbol{v} \qquad\qquad (4\text{-}9)$$

所以

$$\frac{d\rho}{dt} = \frac{\partial \rho}{\partial t} + \boldsymbol{v} \cdot \nabla \rho = -\rho \nabla \cdot \boldsymbol{v} - \nabla \rho \cdot \boldsymbol{v} + \boldsymbol{v} \cdot \nabla \rho \qquad (4\text{-}10)$$

因为

$$\nabla \rho \cdot \boldsymbol{v} = \boldsymbol{v} \cdot \nabla \rho \qquad\qquad (4\text{-}11)$$

所以

$$\frac{d\rho}{dt} = -\rho \nabla \cdot \boldsymbol{v} = -\rho \operatorname{div} \boldsymbol{v} \qquad\qquad (4\text{-}12)$$

这也就是全导数形式的连续性方程。

（4）随体导数

分析
$$\frac{\mathrm{d}\rho}{\mathrm{d}t}=\frac{\partial\rho}{\partial t}+\frac{\partial\rho}{\partial x}v_x+\frac{\partial\rho}{\partial y}v_y+\frac{\partial\rho}{\partial z}v_z \tag{4-13}$$

式中所描述的密度对时间 t 的全导数，有很重要的物理意义。从速度向量 $\pmb{v}$ 的定义，可以得知后面三项的 v_x、v_y、v_z 是速度 $\pmb{v}$ 在直角坐标系各轴上的分量。综观全式，可以发现，总的质量变化量由两部分组成：① $\frac{\partial\rho}{\partial t}$：由时间变化而引起的质量变化，是由于场的不稳定性引起的质量变化，称为局部项；② $\frac{\partial\rho}{\partial x}v_x+\frac{\partial\rho}{\partial y}v_y+\frac{\partial\rho}{\partial z}v_z$：由空间位置改变而引起的质量变化，是由场的不均匀性引起的质量变化，称为迁移项。

下面我们从特殊形式到一般形式，再进行讨论。

如将式（4-13）的密度 ρ 去掉，则得到一种所谓"全微-偏微分关系算符"，又称"实质微分算符"，它在推导流变学方程上很有用，该算符用下式表示：

$$\frac{\mathrm{d}}{\mathrm{d}t}或\frac{\mathrm{D}}{\mathrm{D}t}=\frac{\partial}{\partial t}+(\pmb{v}\cdot\nabla)=\frac{\partial}{\partial t}+\frac{\partial}{\partial x}v_x+\frac{\partial}{\partial y}v_y+\frac{\partial}{\partial z}v_z \tag{4-14}$$

对于任意物理量 R，可表示为：

$$\frac{\mathrm{d}R}{\mathrm{d}t}=\frac{\partial R}{\partial t}+(\pmb{v}\cdot\nabla)R=\frac{\partial R}{\partial t}+\frac{\partial R}{\partial x}v_x+\frac{\partial R}{\partial y}v_y+\frac{\partial R}{\partial z}v_z \tag{4-15}$$

由上式的算符 $\frac{\mathrm{d}}{\mathrm{d}t}$ 或 $\frac{\mathrm{D}}{\mathrm{D}t}$ 所表示的函数，称为"随体导数"或"物质导数"，是指物理量随着流体质点（微团）一起运动时所产生的变化率，或者说，当流体微元体积上的一点在 $\mathrm{d}t$ 时间内从进入微元体积的空间位置（x、y、z）移动到离开微元体积的空间位置（$x+\mathrm{d}x$、$y+\mathrm{d}y$、$z+\mathrm{d}z$）时，物理量（如这里的密度）随时间的变化率。

随体导数由两部分组成。其一：物理量的局部变化，即该物理量在空间一个固定点上随时间的变化，$\frac{\partial R}{\partial t}$，称为"局部导数"或"当地导数"，它是由场的不稳定性（不定常性）而引起的；其二：物理量的对流变化，即该物理量由于流体质点的运动，从一点转移到另一点时所发生的变化，是由空间位置改变而引起的物理量的变化，$(\pmb{v}\cdot\nabla)R$ 称为"对流导数"或"迁移导数"，它是由场的不均匀性引起的。

4.1.2 应用范围

在流体力学、流变学中，连续性方程适用于理想流体（无黏度的假想流体）、实际流体（牛顿型的或非牛顿型的，可压缩的或不可压缩的）；适用于定常流动（即流场内各运动参数与时间无关的运动），也适用于不定常流动过的每一瞬间。

如流动过程中有化学反应，则应考虑。如 G 为单位时间内，由于化学反应而引起的质量变化，则偏微分形式的连续性方程为：

$$\frac{\partial \rho}{\partial t} = -\nabla \cdot (\rho \boldsymbol{v}) + G \tag{4-16}$$

4.2 动量方程

在聚合物的加工过程中，物料的流动总伴随着动量的变化，因此，从动量守恒的角度，可以研究流速分布等流变性质。在这方面有一个著名的动量方程（运动方程）。为了讨论方便，在此先简介一些有关力、应力和张量的初步概念，然后讨论运动方程。

4.2.1 作用在运动流体上的力和应力

从物理学已知，质量 m 与速度 v 的乘积，称为动量 M，即 $M=mv$。则流体的动量也可以用单位体积流体的动量 ρv 来表示。根据牛顿第二定律，力 $F=ma$ $=mv/t=M/t$，所以，可以把力看做是"单位时间内动量的输入量"。这一点对下面推导和理解运动方程是很方便的。

在讨论运动方程之前，首先要弄清楚作用在流体上的力的种类及其性质。作用在流体上的力可以分为两大类：质量力（或称体积力）和表面力（或称面力），现分述如下。

(1) 质量力（体积力）

流体受到的与其质量或体积成正比的力，称为质量力或体积力。这种力作用在流体的每一个微团上。例如：重力、惯性力、电磁力等均为质量力。后面推导公式时将用到，单位体积的重力 G 可表示为密度 ρ 与重力加速度 g 的乘积，$G=\rho g$。

(2) 表面力（一点处的应力）

在第一章中讲过，作用于流体表面微团上的力称为表面力。本章中，统一采用 $\boldsymbol{\sigma}$ 来表示表面应力。$\boldsymbol{\sigma}$ 是面元法向单位矢量 $\boldsymbol{n}$ 的函数，记为 $\sigma(n)$ 或 σ_n，这是表面应力的一个很重要的特性。表面应力可以分解为法向应力 $\sigma_{法}$（沿作用面法线方向的应力）和切向应力 $\sigma_{切}$（沿作用面切线方向的应力）。由表面应力定义可知，法向应力和切应力（剪切应力）均是矢量。

4.2.2 动量方程的推导

根据动量守恒，作用于一个体积元上的力（包括质量力和表面力）应等于该体积元在单位时间内动量的增量（或变化量）。

$$F = ma = \frac{mv}{t} = \frac{M}{t} \tag{4-17}$$

所以

$$\sum \boldsymbol{F}_i = \frac{\mathrm{d}m\boldsymbol{v}_i}{\mathrm{d}t} \tag{4-18}$$

现在，可以根据式(4-18)来推导流体的动量方程。为推导方便，可用与连续性方程推导相类似的方法，在流场中引入直角坐标系，并设速度 $v = v(t, x, y, z)$，密度 $\rho = \rho(t, x, y, z)$。

前面介绍过，作用在流体上的力主要由质量力（或称体积力）和表面力组成，则在该流场中取一个微小立方体积元，该体积元受到的合力 F_i 应该由表面力 $F_1(\sigma_{ij} \cdot A)$ 和重力 $F_2(\rho g_i \cdot \mathrm{d}V)$ 组成，即：

$$\sum F_i = \sigma_{ij} \cdot A + \rho g_i \cdot \mathrm{d}V \tag{4-19}$$

式中，A 为表面积；则式(4-19)可以转化为：

$$\frac{\mathrm{d}mv_i}{\mathrm{d}t} = \sigma_{ij} \cdot A + \rho g_i \cdot \mathrm{d}V \tag{4-20}$$

上式表明，单位时间内流动场中体积元的动量增量主要由两部分组成：一是表面力引起的动量增量，二是重力引起的动量增量。下面，分别分析上式中的各个分量。

(1) 单位时间内体积元动量累积量 $\frac{\mathrm{d}mv_i}{\mathrm{d}t}$

单位时间内，体积元动量累积量（或变化量）为：

$$\frac{\mathrm{d}mv_i}{\mathrm{d}t} = m\frac{\mathrm{d}v_i}{\mathrm{d}t} = \rho\frac{\mathrm{d}v_i}{\mathrm{d}t}\mathrm{d}V \tag{4-21}$$

则，x、y、z 三个方向的动量累积量分别为

$$m\frac{\mathrm{d}v_x}{\mathrm{d}t} = \rho\frac{\mathrm{d}v_x}{\mathrm{d}t}\mathrm{d}V$$

$$m\frac{\mathrm{d}v_y}{\mathrm{d}t} = \rho\frac{\mathrm{d}v_y}{\mathrm{d}t}\mathrm{d}V \tag{4-22}$$

$$m\frac{\mathrm{d}v_z}{\mathrm{d}t} = \rho\frac{\mathrm{d}v_z}{\mathrm{d}t}\mathrm{d}V$$

（2）表面力 $\sigma_{ij} \cdot A$

由于表面力是张量，力的分量较多，比较复杂。如图 4.2 所示，以 x 方向为例，来分析体积元在流动场中受到的表面力。体积元受到 x 方向的表面力共有 6 个，分别垂直于 x、y、z 轴的平面上。

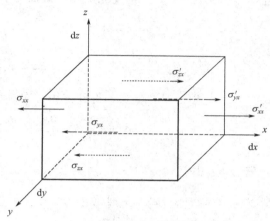

图 4.2 微元体表面力示意图

首先看垂直于 x 轴表面上受到的表面力。垂直于 x 轴的两个平面（左、右）所受到的 x 方向的表面力 $\sigma_{xx} \cdot A$，分别为：

$$\sigma_{xx} \cdot A = \sigma_{xx} \cdot \mathrm{d}y\,\mathrm{d}z$$
$$\sigma'_{xx} \cdot A = \sigma'_{xx} \cdot \mathrm{d}y\,\mathrm{d}z \tag{4-23}$$

由于 σ_{xx} 和 σ'_{xx} 为两个相反方向的应力，所以二者的合力为：

$$\sigma'_{xx} \cdot A - \sigma_{xx} \cdot A = (\sigma'_{xx} - \sigma_{xx}) \cdot \mathrm{d}y\,\mathrm{d}z = \frac{\partial \sigma_{xx}}{\partial x} \cdot \mathrm{d}x\,\mathrm{d}y\,\mathrm{d}z \tag{4-24}$$

垂直于 y 轴的两个平面（上、下）所受到的 x 方向的表面力 $\sigma_{yx} \cdot A$，分别为：

$$\sigma_{yx} \cdot A = \sigma_{yx} \cdot \mathrm{d}x\,\mathrm{d}z$$
$$\sigma'_{yx} \cdot A = \sigma'_{yx} \cdot \mathrm{d}x\,\mathrm{d}z \tag{4-25}$$

二者的合力为：

$$\sigma'_{yx} \cdot A - \sigma_{yx} \cdot A = (\sigma'_{yx} - \sigma_{yx}) \cdot \mathrm{d}x\,\mathrm{d}z = \frac{\partial \sigma_{yx}}{\partial y} \cdot \mathrm{d}y\,\mathrm{d}x\,\mathrm{d}z \tag{4-26}$$

垂直于 z 轴的两个平面（前、后）所受到的 x 方向的表面力 $\sigma_{zx} \cdot A$，分别为：

$$\sigma_{zx} \cdot A = \sigma_{zx} \cdot \mathrm{d}y\,\mathrm{d}x$$
$$\sigma'_{zx} \cdot A = \sigma'_{zx} \cdot \mathrm{d}y\,\mathrm{d}x \tag{4-27}$$

二者的合力为：

$$\sigma'_{zx} \cdot A - \sigma_{zx} \cdot A = (\sigma'_{zx} - \sigma_{zx}) \cdot \mathrm{d}x\,\mathrm{d}y = \frac{\partial \sigma_{zx}}{\partial z} \cdot \mathrm{d}z\,\mathrm{d}x\,\mathrm{d}y \tag{4-28}$$

由上述分析可知，体积元在 x 方向受到的总的表面力的合力为

$$\frac{\partial \sigma_{xx}}{\partial x} \cdot \mathrm{d}x\,\mathrm{d}y\,\mathrm{d}z + \frac{\partial \sigma_{yx}}{\partial y} \cdot \mathrm{d}y\,\mathrm{d}x\,\mathrm{d}z + \frac{\partial \sigma_{zx}}{\partial z} \cdot \mathrm{d}z\,\mathrm{d}y\,\mathrm{d}x = \frac{\partial \sigma_{ix}}{\partial x_i} \cdot \mathrm{d}V \tag{4-29}$$

同理，体积元在 y、z 方向受到的总的表面力的合力分别为

$$\frac{\partial \sigma_{xy}}{\partial x} \cdot \mathrm{d}x\,\mathrm{d}y\,\mathrm{d}z + \frac{\partial \sigma_{yy}}{\partial y} \cdot \mathrm{d}y\,\mathrm{d}x\,\mathrm{d}z + \frac{\partial \sigma_{zy}}{\partial z} \cdot \mathrm{d}z\,\mathrm{d}y\,\mathrm{d}x = \frac{\partial \sigma_{iy}}{\partial x_i} \cdot \mathrm{d}V \tag{4-30}$$

$$\frac{\partial \sigma_{xz}}{\partial x} \cdot \mathrm{d}x\,\mathrm{d}y\,\mathrm{d}z + \frac{\partial \sigma_{yz}}{\partial y} \cdot \mathrm{d}y\,\mathrm{d}x\,\mathrm{d}z + \frac{\partial \sigma_{zz}}{\partial z} \cdot \mathrm{d}z\,\mathrm{d}y\,\mathrm{d}x = \frac{\partial \sigma_{iz}}{\partial x_i} \cdot \mathrm{d}V \tag{4-31}$$

将式(4-29)～式(4-31)相加，得到体积元在流场中受到的总的表面力为

$$\frac{\partial \sigma_{ij}}{\partial x_i} \cdot \mathrm{d}V = \left(\frac{\partial \sigma_{ix}}{\partial x_i} + \frac{\partial \sigma_{iy}}{\partial x_i} + \frac{\partial \sigma_{iz}}{\partial x_i} \right) \mathrm{d}V \tag{4-32}$$

（3）重力 $\rho g_i \mathrm{d}V$

重力是一个矢量，所以分别考虑 x、y、z 三个方向的分量：x 方向为 $\rho g_x \mathrm{d}V$，y 方向为 $\rho g_y \mathrm{d}V$，z 方向为 $\rho g_z \mathrm{d}V$。

将式(4-21)、式(4-32)代入式(4-20)，得到：

$$\rho \frac{\mathrm{d}v_i}{\mathrm{d}t} \mathrm{d}V = \frac{\partial \sigma_{ij}}{\partial x_i} \cdot \mathrm{d}V + \rho g_i \mathrm{d}V \tag{4-33}$$

两边略去 $\mathrm{d}V$，得：

$$\rho \frac{\mathrm{d}v_i}{\mathrm{d}t} = \frac{\partial \sigma_{ij}}{\partial x_i} + \rho g_i \tag{4-34}$$

即流体在流动场中的动量方程，也可以写成

$$\rho \frac{\mathrm{d}v_i}{\mathrm{d}t} = \nabla \cdot \sigma_{ij} + \rho g_i \tag{4-35}$$

4.2.3 动量方程的讨论

（1）与牛顿第二定律比较

将动量方程与牛顿第二定律相比较：

$$ma = F \tag{4-36}$$

$$\rho \frac{\mathrm{d}\boldsymbol{v}}{\mathrm{d}t} = \nabla \cdot \boldsymbol{\sigma} + \rho \boldsymbol{g} \tag{4-37}$$

式中，ρ 相当于牛顿第二定律中的 m；$\mathrm{d}\boldsymbol{v}/\mathrm{d}t$ 相当于 a；$\nabla \cdot \boldsymbol{\sigma} + \rho \boldsymbol{g}$ 相当于力 F。式(4-37)是从动量守恒出发推导的，所以又称动量守恒方程，也称为运动方程。式(4-37)可适用于任何流体流动，包括高聚物流体。

（2）其他形式的动量方程

式(4-37) 是运动方程的初始形式，在具体应用时还要改变为其他方便的形式。下面介绍三种。

① $\rho \dfrac{\mathrm{d}\boldsymbol{v}}{\mathrm{d}t} = -\nabla P + \nabla \cdot \boldsymbol{\tau} + \rho \boldsymbol{g}$

在前面介绍"张量的加减"时，通过例子引出如下关系：

$$\boldsymbol{\sigma}_{ij} = -P\boldsymbol{\delta}_{ij} + \boldsymbol{\tau}_{ij} \tag{4-38}$$

说明某方向总的应力分量 $\boldsymbol{\sigma}_{ij}$ 是由各向同性压力（静压力）P 和偏应力分量 $\boldsymbol{\tau}_{ij}$ 组成。将式(4-38) 代入式(4-37)，可得：

$$\rho \dfrac{\mathrm{d}\boldsymbol{v}}{\mathrm{d}t} = \nabla \cdot \boldsymbol{\sigma} + \rho \boldsymbol{g} = \nabla(-P\boldsymbol{\delta} + \boldsymbol{\tau}) + \rho \boldsymbol{g} = -\nabla P + \nabla \cdot \boldsymbol{\tau} + \rho \boldsymbol{g} = -\mathrm{grad}P + \mathrm{div}\boldsymbol{\tau} + \rho \boldsymbol{g}$$

$$\tag{4-39}$$

② 各方向的动量方程

由于式(4-39) 仍然比较笼统，考虑到动量的方向性，有必要分别求出各个方向的分量：$\rho \dfrac{\mathrm{d}v_x}{\mathrm{d}t}$，$\rho \dfrac{\mathrm{d}v_y}{\mathrm{d}t}$，$\rho \dfrac{\mathrm{d}v_z}{\mathrm{d}t}$。

x 方向：由于 x 方向的应力分量有 τ_{xx}，τ_{yx}，τ_{zx}，所以 x 方向上的动量方程为：

$$\rho \dfrac{\mathrm{d}v_x}{\mathrm{d}t} = -\dfrac{\partial P}{\partial x} + \left(\dfrac{\partial \tau_{xx}}{\partial x} + \dfrac{\partial \tau_{yx}}{\partial y} + \dfrac{\partial \tau_{zx}}{\partial z} \right) + \rho g_x \tag{4-40}$$

y 方向：由于 y 方向的应力分量有 τ_{xy}，τ_{yy}，τ_{zy}，所以 y 方向上的动量方程为：

$$\rho \dfrac{\mathrm{d}v_y}{\mathrm{d}t} = -\dfrac{\partial P}{\partial y} + \left(\dfrac{\partial \tau_{xy}}{\partial x} + \dfrac{\partial \tau_{yy}}{\partial y} + \dfrac{\partial \tau_{zy}}{\partial z} \right) + \rho g_y \tag{4-41}$$

z 方向：由于 z 方向的应力分量有 τ_{xz}，τ_{yz}，τ_{zz}，所以 z 方向上的动量方程为：

$$\rho \dfrac{\mathrm{d}v_z}{\mathrm{d}t} = -\dfrac{\partial P}{\partial z} + \left(\dfrac{\partial \tau_{xz}}{\partial x} + \dfrac{\partial \tau_{yz}}{\partial y} + \dfrac{\partial \tau_{zz}}{\partial z} \right) + \rho g_z \tag{4-42}$$

③ 将 $\dfrac{\mathrm{d}v_i}{\mathrm{d}t}$ 展开后的各个方向的动量方程

因为：

$$v_i = v_i(t, x, y, z)$$
$$v_x = v_x(t, x, y, z) \tag{4-43}$$

所以，求全导数即得：

x 方向：

$$\rho \left(\dfrac{\partial v_x}{\partial t} + v_x \dfrac{\partial v_x}{\partial x} + v_y \dfrac{\partial v_x}{\partial y} + v_z \dfrac{\partial v_x}{\partial z} \right) = -\dfrac{\partial P}{\partial x} + \left(\dfrac{\partial \tau_{xx}}{\partial x} + \dfrac{\partial \tau_{yx}}{\partial y} + \dfrac{\partial \tau_{zx}}{\partial z} \right) + \rho g_x$$

$$\tag{4-44}$$

y 方向：

$$\rho\left(\frac{\partial v_y}{\partial t}+v_x\,\frac{\partial v_y}{\partial x}+v_y\,\frac{\partial v_y}{\partial y}+v_z\,\frac{\partial v_y}{\partial z}\right)=-\frac{\partial P}{\partial y}+\left(\frac{\partial \tau_{xy}}{\partial x}+\frac{\partial \tau_{yy}}{\partial y}+\frac{\partial \tau_{zy}}{\partial z}\right)+\rho g_y$$

$$(4\text{-}45)$$

z 方向：

$$\rho\left(\frac{\partial v_z}{\partial t}+v_x\,\frac{\partial v_z}{\partial x}+v_y\,\frac{\partial v_z}{\partial y}+v_z\,\frac{\partial v_z}{\partial z}\right)=-\frac{\partial P}{\partial z}+\left(\frac{\partial \tau_{xz}}{\partial x}+\frac{\partial \tau_{yz}}{\partial y}+\frac{\partial \tau_{zz}}{\partial z}\right)+\rho g_z$$

$$(4\text{-}46)$$

4.2.4　物理意义与应用范围

由于 ρ 是单位体积的质量，所以 $\rho\dfrac{\mathrm{d}v_i}{\mathrm{d}t}$ 相当于力，可称为惯性力项，反应单位时间内、单位体积的流体动量的增量，这就是式(4-44)、式(4-45)、式(4-46)左边的实质。

式(4-44)～式(4-46) 右边的物理意义：∇P 或 $\dfrac{\partial P}{\partial x_i}$，是静压力项，反映静压力对动量的影响；$\nabla \cdot \tau_{ij}$ 是黏性力项，因为 τ 与流体的黏性、切变速率有关，反映流体的黏性对动量的影响；$\rho \boldsymbol{g}$ 是重力项，反映重力对动量的影响。

综上所述，动量方程的物理意义可看为：

惯性力＝静压力＋黏性力＋重力

动量方程是流体力学、流变学中一个最普遍的方程。它是任何流体流动（包括高聚物流动）的动量守恒方程，所以其适用范围很广。求解动量方程，始终是流体力学的一项重要任务。许多层流问题，例如圆管（圆形压出口模）中的层流、平行平板间（或缝模）的层流、同心圆环的层流等都可应用动量方程顺利地求出其精确解。但是不可否认，利用数学工具现今还未能找出动量方程的普遍解，这是一项艰巨的研究任务。正因为运动方程很难得到普遍解，所以在具体应用时，往往都作一些假设，使之简化，以便与连续性方程、应力-应变关系等联立求解。

4.3　能量方程

随着温度升高，聚合物会从玻璃态、高弹态、过渡到黏流态。高聚物的加工一般是在黏流态进行的。几乎所有高聚物加工过程都包含有流动能量的交换，加热和冷却等热传递过程，因此要讨论流动过程的能量平衡与分布，以了解加工过程中物料的温度分布。这对控制加工工艺和加工机械的设计是有实际意义的。

4.3.1 内能对时间的导数与傅里叶热传导定律

(1) 内能对时间的导数 dU/dt

① 热力学函数的转换

从热力学得知，内能 U 是温度 T 和体积 V 的函数，$U=U(T,V)$，其全微分为：

$$\frac{dU}{dt}=\left(\frac{\partial U}{\partial T}\right)_V dT+\left(\frac{\partial U}{\partial V}\right)_T dV=c_V dT+\left(\frac{\partial U}{\partial V}\right)_T dV \qquad (4\text{-}47)$$

式中，$c_V=\left(\frac{\partial U}{\partial T}\right)_V$ 称为等容热容。

上式右边的 $\left(\frac{\partial U}{\partial V}\right)_T$，一般是难以直接测定的，所以要经热力学函数转换使之变为可测的形式，其步骤如下。

第一步，由热力学第一定律：

$$\delta Q=dU+\delta W \qquad (4\text{-}48)$$

由热力学第二定律：

$$\delta Q=T dS \qquad (4\text{-}49)$$

所以

$$dU=T dS-\delta W=T dS-P dV \qquad (4\text{-}50)$$

在恒温条件下，将式(4-50)对体积 V 求导，得

$$\left(\frac{\partial U}{\partial V}\right)_T=T\left(\frac{\partial S}{\partial V}\right)_T-P \qquad (4\text{-}51)$$

第二步，变 $\left(\frac{\partial S}{\partial V}\right)_T$ 为易测的形式，根据 Maxwell 热力学函数关系式，有

$$\left(\frac{\partial S}{\partial V}\right)_T=\left(\frac{\partial P}{\partial T}\right)_V \qquad (4\text{-}52)$$

将式(4-52)代入式(4-47)得：

$$dU=c_V dT+\left[T\left(\frac{\partial P}{\partial T}\right)_V-P\right]dV \qquad (4\text{-}53)$$

② 内能对时间 t 的导数

将式(4-53)对 t 求导，得

$$\frac{dU}{dt}=c_V\frac{dT}{dt}+\left[T\left(\frac{\partial P}{\partial T}\right)_V-P\right]\frac{dV}{dt} \qquad (4\text{-}54)$$

上式是对单位质量流体的内能随时间变化而言的，如果等式两边均乘以 ρ，则成为与质量有关的表达式：

$$\rho\frac{dU}{dt}=\rho c_V\frac{dT}{dt}+\rho\left[T\left(\frac{\partial P}{\partial T}\right)_V-P\right]\frac{dV}{dt} \qquad (4\text{-}55)$$

式中：

$$\rho \frac{\mathrm{d}V}{\mathrm{d}t} = \rho \frac{\mathrm{d}\frac{1}{\rho}}{\mathrm{d}t} = -\rho \frac{\mathrm{d}\rho}{\rho^2 \mathrm{d}t} = -\frac{1}{\rho}\frac{\mathrm{d}\rho}{\mathrm{d}t} \tag{4-56}$$

将式(4-56)代入式(4-55)得：

$$\rho \frac{\mathrm{d}U}{\mathrm{d}t} = \rho c_V \frac{\mathrm{d}T}{\mathrm{d}t} + \left[T\left(\frac{\partial P}{\partial T}\right)_V - P \right]\left(-\frac{1}{\rho}\frac{\mathrm{d}\rho}{\mathrm{d}t}\right) \tag{4-57}$$

根据式 $\frac{\mathrm{d}\rho}{\mathrm{d}t} = -\rho \, \nabla \cdot \boldsymbol{v}$，得到：

$$\rho \frac{\mathrm{d}V}{\mathrm{d}t} = -\frac{1}{\rho}\frac{\mathrm{d}\rho}{\mathrm{d}t} = \nabla \cdot \boldsymbol{v} \tag{4-58}$$

将式(4-58)代入式(4-57)，则得到内能对时间的导数关系式

$$\rho \frac{\mathrm{d}U}{\mathrm{d}t} = \rho c_V \frac{\mathrm{d}T}{\mathrm{d}t} + \left[T\left(\frac{\partial P}{\partial T}\right)_V - P \right] \nabla \cdot \boldsymbol{v} \tag{4-59}$$

（2）傅里叶热传导定律

傅里叶热传导定律是用以确定在物体各点间存在温差时，因热传导而产生热流之大小的定律。据此定律，如图 4.3 所示，在 $\mathrm{d}t$ 时间内，穿过单位等温面 $\mathrm{d}F$ 的热流 $\mathrm{d}Q$，只与温度降度（即负温度梯度：$\Delta T = T_2 - T_1 < 0$，$-\frac{\partial T}{\partial n}$）成正比，即：

$$\frac{\mathrm{d}Q}{\mathrm{d}F \mathrm{d}t} = -\lambda \frac{\partial T}{\partial n} \tag{4-60}$$

式中，λ 为导热系数，$\mathrm{W/(m \cdot K)}$。$\frac{\partial T}{\partial n}$ 用偏微分表示，是指对于等温面只考虑其沿法线方向 n 的温差。

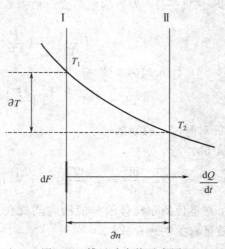

图 4.3　傅里叶定律示意图

常见材料的导热系数见表 4.1。

表 4.1　常见材料的 λ 值

材料	$\lambda/[W/(m \cdot K)]$	材料	$\lambda/[W/(m \cdot K)]$	材料	$\lambda/[W/(m \cdot K)]$
聚氯乙烯	$0.1256 \sim 0.2931$	天然橡胶	0.1340	炭黑	0.0067
聚乙烯	0.2931	丁苯橡胶	0.1926	碳酸钙	0.8374
聚苯乙烯	0.1519	氯丁橡胶	0.1926	石蜡	0.2512

在稳定传热时，单位时间内的传热量为定值，即传热速率为定值。如单位时间内通过单位面积的热量，即单位面积的传热速率以 q 表示（q 又称为热流矢量或导热通量矢量），则 x，y，z 三个方向分别为：

$$\boldsymbol{q}_x = \frac{\mathrm{d}Q_x}{\mathrm{d}F\,\mathrm{d}t} = -\lambda\,\frac{\partial T}{\partial x}\boldsymbol{i}$$

$$\boldsymbol{q}_y = \frac{\mathrm{d}Q_y}{\mathrm{d}F\,\mathrm{d}t} = -\lambda\,\frac{\partial T}{\partial y}\boldsymbol{j} \qquad (4\text{-}61)$$

$$\boldsymbol{q}_z = \frac{\mathrm{d}Q_z}{\mathrm{d}F\,\mathrm{d}t} = -\lambda\,\frac{\partial T}{\partial z}\boldsymbol{k}$$

所以，单位时间内通过微元体积元的总传热量为：

$$\boldsymbol{q} = \boldsymbol{q}_x + \boldsymbol{q}_y + \boldsymbol{q}_z \qquad (4\text{-}62)$$

将式(4-61)代入式(4-62)，得

$$\boldsymbol{q} = -\lambda \left(\frac{\partial T}{\partial x}\boldsymbol{i} + \frac{\partial T}{\partial y}\boldsymbol{j} + \frac{\partial T}{\partial z}\boldsymbol{k} \right) \qquad (4\text{-}63)$$

所以：

$$\boldsymbol{q} = -\lambda\,\nabla T = -\lambda\,\mathrm{grad}\,T \qquad (4\text{-}64)$$

这就是傅里叶热传导方程。

4.3.2　能量方程的推导

(1) 流动场中的能量守恒方程

在推导能量方程之前，先考察一下影响流动场能量的因素，可写为如下表达式：

总能量(E)＝内能(U)＋动能(K)
＝流动能量(v 方向)＋热传能量(Q)＋应力做功能量(σ 方向)＋
重力做功能量(g 方向)

假设单位质量流体的能量为 E，则单位体积的质量所具有的能量为 $E\rho$。因此，可以采用 $\dfrac{\partial E\rho}{\partial t}$ 表示单位时间内在体积元（控制单元）中所积累的能量，它是由上述四部分能量所组成的，现分述如下。

① 流动能量 E_1

在体积元中流动能量的流通情况如图 4.4 所示。图中，$\rho E v_x$ 表示单位时间内沿着 x 方向进入体积元的流动能量；$\rho E v_{x+dx}$ 表示沿 x 方向出来的流动能量。这样，我们就可以采用类似推导连续性方程和运动方程的方法，求得沿着 x，y，z 三个方向的流动能量的累积量：

$$\iint_{E_{yz}} (\rho E v_x - \rho E v_{x+dx})\,dy\,dz + \iint_{E_{xz}} (\rho E v_y - \rho E v_{y+dy})\,dx\,dz + \iint_{E_{xy}} (\rho E v_z - \rho E v_{z+dz})\,dx\,dy$$

$$= \iiint_V - \left(\frac{\partial \rho E v_x}{\partial x} + \frac{\partial \rho E v_y}{\partial y} + \frac{\partial \rho E v_z}{\partial z} \right) dx\,dy\,dz = \iiint_V - (\nabla \cdot \rho E \boldsymbol{v}_i)\,dV$$

$$= \iiint_V - (\nabla \cdot \rho E \boldsymbol{v}_i)\,dV = E_1$$

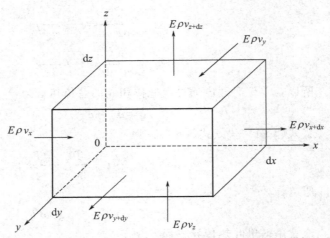

图 4.4　体积元中能量流通情况图

② 热传导能量 E_2

在流动场中选取一微小体积元，引入直角坐标系，流动场中热量传递示意如图 4.5 所示。由图可得，q_x 为单位时间内通过单位面积，沿着 x 方向传热体积元的热量，而 q_{x+dx} 为从另一面传出的热量。这样，$q_{x+dx} - q_x$ 就是单位时间内沿着 x 方向累积的热量。同理，$q_{y+dy} - q_y$、$q_{z+dz} - q_z$ 分别为单位时间内沿 y、z 方向累积的热量。

采用类似上述推导连续性方程和动量方程的方法，可以求出通过 S_{yz} 面、S_{xx} 面、S_{xy} 面得热传递累积能量，通过微小体积元 $dV = dx\,dy\,dz$ 的热传递累积能量 E_2：

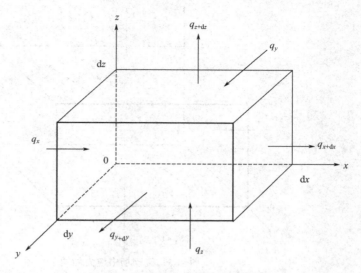

图 4.5　流动场中热量传递示意图

$$E_2 = \iint\limits_{E_{yz}} (q_x - q_{x+dx})\,dy\,dz + \iint\limits_{E_{xz}} (q_y - q_{y+dy})\,dx\,dz + \iint\limits_{E_{xy}} (q_z - q_{z+dz})\,dx\,dy$$

$$= \iiint\limits_{V} \left(-\frac{\partial q_x}{\partial x}\right)\,dx\,dy\,dz + \iiint\limits_{V} \left(-\frac{\partial q_y}{\partial y}\right)\,dx\,dy\,dz + \iiint\limits_{V} \left(-\frac{\partial q_z}{\partial z}\right)\,dx\,dy\,dz$$

$$= \iiint\limits_{V} - \left(\frac{\partial q_x}{\partial x} + \frac{\partial q_y}{\partial y} + \frac{\partial q_z}{\partial z}\right)\,dx\,dy\,dz$$

$$= \iiint\limits_{V} - (\nabla \cdot q_i)\,dV$$

根据式 $q = -\lambda\nabla T$，得

$$E_2 = \iiint\limits_{V} - (\nabla \cdot q_i)\,dV = \iiint\limits_{V} [\nabla \cdot (\lambda\nabla T)]\,dV = \iiint\limits_{V} \lambda\nabla^2 T\,dV = \iiint\limits_{V} \lambda\Delta T\,dV$$

$$(4\text{-}65)$$

③ 应力做功的能量 E_3

在流动场中选取一微小体积元，引入直角坐标系，流动场中应力做功如图 4.6 所示。

对于单位面积而言，单位面积、单位时间应力做功为

$$W = \boldsymbol{\sigma} \cdot \boldsymbol{v} \tag{4-66}$$

在 x 方向上共有应力 σ_{xx}、σ_{yx}、σ_{zx}，它们均可引起体系能量的变化。从图 4.6 可见，在 x 方向上应力所做的功为：

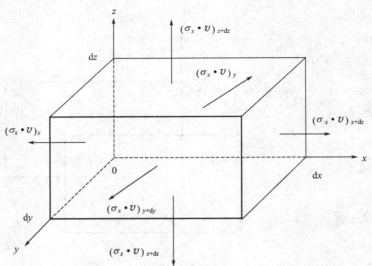

$(\sigma_x \cdot \mathbf{v})_{z+dz}$

$(\sigma_x \cdot \mathbf{v})_y$

$(\sigma_x \cdot \mathbf{v})_{x+dz}$

$(\sigma_x \cdot \mathbf{v})_x$

$(\sigma_x \cdot \mathbf{v})_{y+dy}$

$(\sigma_z \cdot \mathbf{v})_{z+dz}$

图 4.6 流动场中应力做功示意图

$$W_x = \iint\limits_{S_{yz}} \left[(\sigma_{x+dx,x} \cdot v_{x+dx}) - (\sigma_{xx} \cdot v_x) \right] dy\,dz + \iint\limits_{S_{xz}} \left[(\sigma_{y+dy,x} \cdot v_{x+dx}) - (\sigma_{yx} \cdot v_y) \right] dx\,dz$$

$$+ \iint\limits_{S_{xy}} \left[(\sigma_{z+dz,x} \cdot v_{x+dx}) - (\sigma_{zx} \cdot v_x) \right] dx\,dy$$

$$= \iiint\limits_{V} \frac{\partial (\sigma_{xx} \cdot v_x)}{\partial x} dx\,dy\,dz + \iiint\limits_{V} \frac{\partial (\sigma_{yx} \cdot v_x)}{\partial y} dy\,dx\,dz + \iiint\limits_{V} \frac{\partial (\sigma_{zx} \cdot v_x)}{\partial z} dz\,dx\,dy$$

$$= \iiint\limits_{V} \frac{\partial (\sigma_{ix} \cdot v_x)}{\partial x_i} dx\,dy\,dz$$

$$(4\text{-}67)$$

同理，在 y 和 z 方向上应力所做的功分别为：

$$W_y = \iiint\limits_{V} \frac{\partial (\sigma_{xy} \cdot v_y)}{\partial x} dx\,dy\,dz + \iiint\limits_{V} \frac{\partial (\sigma_{yy} \cdot v_y)}{\partial y} dy\,dx\,dz + \iiint\limits_{V} \frac{\partial (\sigma_{zy} \cdot v_y)}{\partial z} dz\,dx\,dy$$

$$= \iiint\limits_{V} \frac{\partial (\sigma_{iy} \cdot v_y)}{\partial x_i} dx\,dy\,dz$$

$$(4\text{-}68)$$

$$W_z = \iiint\limits_{V} \frac{\partial (\sigma_{xz} \cdot v_z)}{\partial x} dx\,dy\,dz + \iiint\limits_{V} \frac{\partial (\sigma_{yz} \cdot v_z)}{\partial y} dy\,dx\,dz + \iiint\limits_{V} \frac{\partial (\sigma_{zz} \cdot v_z)}{\partial z} dz\,dx\,dy$$

$$= \iiint\limits_{V} \frac{\partial (\sigma_{iz} \cdot v_z)}{\partial x_i} dx\,dy\,dz$$

$$(4\text{-}69)$$

所以，总的应力做功的能量 E_3 为：

$$E_3 = W_x + W_y + W_z = \iiint\limits_V \left[\frac{\partial(\sigma_{ix} \cdot v_x)}{\partial x_i} + \frac{\partial(\sigma_{iy} \cdot v_y)}{\partial x_i} + \frac{\partial(\sigma_{iz} \cdot v_z)}{\partial x_i} \right] \mathrm{d}x\,\mathrm{d}y\,\mathrm{d}z$$

$$= \iiint\limits_V \left[\frac{\partial(\sigma_{ij} \cdot v_j)}{\partial x_i} \right] \mathrm{d}x\,\mathrm{d}y\,\mathrm{d}z$$

$$= \iiint\limits_V \left[\nabla \cdot (\sigma_{ij} \cdot v_j) \right] \mathrm{d}x\,\mathrm{d}y\,\mathrm{d}z$$

(4-70)

④ 重力做功的能量 E_4

重力在单位时间内对单位体积的流体所做的功为 $\rho g \cdot v$，所以重力做功的能量为：

$$E_4 = \iiint\limits_V (\rho g_i \cdot v_i)\,\mathrm{d}V$$

(4-71)

$$= \rho g_x \cdot v_x + \rho g_y \cdot v_y + \rho g_z \cdot v_z$$

综上所述，单位时间内在体积元中所累积的能量 $\frac{\partial(\rho E)}{\partial t}$ 等于上述四部分能量之和：

$$\iiint\limits_V \frac{\partial(\rho E)}{\partial t}\mathrm{d}V = E_1 + E_2 + E_3 + E_4$$

$$= \iiint\limits_V -(\nabla \cdot \rho E v_i)\,\mathrm{d}V + \iiint\limits_V -(\nabla \cdot q_i)\mathrm{d}V + \iiint\limits_V \left[\nabla \cdot (\sigma_{ij} \cdot v_j) \right] \mathrm{d}x\mathrm{d}y\mathrm{d}z + \iiint\limits_V \rho g_i \cdot v_i \mathrm{d}V$$

由于体积选取的任意性，等式两边的体积均为 V，故可去掉三重积分号，得到：

$$\frac{\partial(\rho E)}{\partial t} = -(\nabla \cdot \rho E v_i) - (\nabla \cdot q_i) + \nabla \cdot (\sigma_{ij} \cdot v_j) + \rho g_i \cdot v_i \qquad (4-72)$$

这就是能量方程（能量方程的原理式）。

应当指出，上述推导过程均是按单位时间计的，所以 $\frac{\partial(\rho E)}{\partial t}$ 的意思是指微元体（体积元）的能量累计速率，而 $-(\nabla \cdot \rho E v_i)$ 是流动所输入与输出能量速率之差，$-(\nabla \cdot q_i)$ 是从环境输入热量的速率，$\nabla \cdot (\sigma_{ij} \cdot v_j)$ 与 $\rho g_i \cdot v_i$ 是应力与重力的做功速率。

(2) 全微分形式的能量方程

能量方程的形式有很多种，式(4-72) 是其中之一，不过，在应用时，全微分形式的能量方程较为方便。对于聚合物加工而言，尤其以温度变化形式 $\mathrm{d}T/\mathrm{d}t$ 出现的能量守恒方程较为常用。

全微分形式的能量方程的推导过程主要是先求 $\mathrm{d}E/\mathrm{d}t$、$\mathrm{d}U/\mathrm{d}t$，然后求

dT/dt。

① 求 dE/dt

将式(4-72)左边求导，得

$$\frac{\partial \rho E}{\partial t} = \rho \frac{\partial E}{\partial t} + E \frac{\partial \rho}{\partial t} \tag{4-73}$$

根据哈密尔顿算子运算法则，式(4-72)右边第一项可变为

$$\nabla \cdot (\rho E v_i) = E \nabla \cdot \rho v_i + \nabla E \cdot \rho v_i = E \nabla \cdot \rho v_i + \rho v_i \cdot \nabla E \tag{4-74}$$

根据随体导数的概念，有

$$\frac{dE}{dt} = \frac{\partial E}{\partial t} + v_i \cdot \nabla E = \frac{\partial E}{\partial t} + (v_i \cdot \nabla)E \tag{4-75}$$

将上式两边乘以 ρ，得

$$\rho \frac{dE}{dt} = \rho \frac{\partial E}{\partial t} + \rho (v_i \cdot \nabla)E \tag{4-76}$$

移项，得

$$\rho \frac{\partial E}{\partial t} = \rho \frac{dE}{dt} - \rho (v_i \cdot \nabla)E \tag{4-77}$$

从上述连续性方程得知

$$\frac{\partial \rho}{\partial t} = -\nabla \cdot (\rho v_i)$$

将上式两边乘以 E，得

$$E \frac{\partial \rho}{\partial t} = -E \nabla \cdot (\rho v_i) \tag{4-78}$$

将式(4-74)代入式(4-78)，得

$$E \frac{\partial \rho}{\partial t} = \rho v_i \cdot \nabla E - \nabla \cdot (E \rho v_i) \tag{4-79}$$

将式(4-77)代入式(4-79)，得

$$E \frac{\partial \rho}{\partial t} = \rho \frac{dE}{dt} - \rho \frac{\partial E}{\partial t} - \nabla \cdot (E \rho v_i) \tag{4-80}$$

移项，整理后，再将式 $\frac{\partial(\rho E)}{\partial t} = E \frac{\partial \rho}{\partial t} + \rho \frac{\partial E}{\partial t}$ 代入上式，得到

$$\rho \frac{dE}{dt} = E \frac{\partial \rho}{\partial t} + \rho \frac{\partial E}{\partial t} + \nabla \cdot (E \rho v_i) = \frac{\partial(\rho E)}{\partial t} + \nabla \cdot (E \rho v_i) \tag{4-81}$$

将式(4-72)代入式(4-81)，消去 $\nabla \cdot (E \rho v_i)$ 得：

$$\rho \frac{dE}{dt} = -(\nabla \cdot q_i) + \nabla \cdot (\sigma_{ij} \cdot v_i) + \rho g_i \cdot v_i \tag{4-82}$$

虽然从上式可以求得 $\frac{dE}{dt}$，但还是比较难测定，所以要设法转化为比较易测的 dT/dt，为此先求出 dU/dt 的关系式，因为内能 U 是温度 T 的函数。

② 求 dU/dt

根据总能量 E 的定义，它包括内能 U 和动能 K：

$$E = U + K$$

对时间 t 求导，再两边同乘 ρ 得：

$$\rho \frac{\mathrm{d}E}{\mathrm{d}t} = \rho \frac{\mathrm{d}U}{\mathrm{d}t} + \rho \frac{\mathrm{d}K}{\mathrm{d}t} \qquad (4\text{-}83)$$

要求出 $\rho \dfrac{\mathrm{d}U}{\mathrm{d}t}$，必须求出 $\rho \dfrac{\mathrm{d}E}{\mathrm{d}t}$ 和 $\rho \dfrac{\mathrm{d}K}{\mathrm{d}t}$，式(4-82)已经给出 $\rho \dfrac{\mathrm{d}E}{\mathrm{d}t}$，$\rho \dfrac{\mathrm{d}K}{\mathrm{d}t}$ 可以通过下述的转变来计算。

对于单位质量流体而言，动能 $K = \dfrac{1}{2} v^2$，写成矢量的形式为：$\boldsymbol{K} = \dfrac{1}{2} (\boldsymbol{v}_i \cdot \boldsymbol{v}_i)$，那么对于单位体积内含质量 ρ 的流体，其动能为 $\dfrac{1}{2} \rho (\boldsymbol{v}_i \cdot \boldsymbol{v}_i)$，所以：

$$\rho \frac{\mathrm{d}K}{\mathrm{d}t} = \rho v_i \frac{\mathrm{d}v_i}{\mathrm{d}t} \qquad (4\text{-}84)$$

将式(4-82)、式(4-84)代入式(4-83)，得

$$\rho \frac{\mathrm{d}U}{\mathrm{d}t} = \rho \frac{\mathrm{d}E}{\mathrm{d}t} - \rho \frac{\mathrm{d}K}{\mathrm{d}t} = -(\nabla \cdot q_i) + \nabla \cdot (\sigma_{ij} \cdot v_i) + \rho g_i \cdot v_i - \rho v_i \cdot \frac{\mathrm{d}v_i}{\mathrm{d}t}$$

$$(4\text{-}85)$$

将动量方程 $\rho \dfrac{\mathrm{d}v_i}{\mathrm{d}t} = \nabla \cdot \sigma_{ij} + \rho g_i$ 用 v 进行点积，则得到

$$\rho v_i \cdot \frac{\mathrm{d}v_i}{\mathrm{d}t} = v_i \cdot (\nabla \cdot \sigma_{ij}) + v_i \cdot \rho g_i \qquad (4\text{-}86)$$

将上式代入式(4-85)，并根据矢量点积可交换的性质，消去 $v_i \cdot \rho g_i$，得

$$\rho \frac{\mathrm{d}U}{\mathrm{d}t} = -(\nabla \cdot q_i) + \nabla \cdot (\sigma_{ij} \cdot v_i) - v_i \cdot (\nabla \cdot \sigma_{ij}) \qquad (4\text{-}87)$$

可以证明，下列张量恒等式成立：

$$\sigma_{ij} : \nabla v_{ij} = \nabla \cdot (\sigma_{ij} \cdot v_i) - v_i \cdot (\nabla \cdot \sigma_{ij}) \qquad (4\text{-}88)$$

所以，可得到

$$\rho \frac{\mathrm{d}U}{\mathrm{d}t} = -(\nabla \cdot q_i) + \sigma_{ij} : v_i \qquad (4\text{-}89)$$

因为

$$\sigma_{ij} = -P\delta_{ij} + \tau_{ij}$$

代入式(4-89)，得

$$\rho \frac{\mathrm{d}U}{\mathrm{d}t} = -(\nabla \cdot q_i) + (-P\delta_{ij} + \tau_{ij}) : \nabla v_i = -(\nabla \cdot q_i) - P\delta_{ij} : \nabla v_i + \tau_{ij} : \nabla v_i$$

$$(4\text{-}90)$$

不难证明 $P\delta_{ij} : \nabla v_i = P(\nabla \cdot v_i)$，代入式(4-90)，可得到：

$$\rho \frac{\mathrm{d}U}{\mathrm{d}t} = -(\nabla \cdot q_i) + (\tau_{ij} : \nabla v_i) - P(\nabla \cdot v_i) \qquad (4\text{-}91)$$

③ 求 dT/dt

将式(4-59) 代入式(4-91) 中，并将 $\left(\dfrac{\partial P}{\partial T}\right)_V$ 改为 $\left(\dfrac{\partial P}{\partial T}\right)_\rho$，则得：

$$\rho c_V \frac{dT}{dt} = -\left[T\left(\frac{\partial P}{\partial T}\right)_\rho - P\right]\nabla\cdot v - (\nabla\cdot q_i) + (\tau:\nabla v_{ij}) - P(\nabla\cdot v_{ij})$$

$$= -T\left(\frac{\partial P}{\partial T}\right)_\rho \nabla\cdot v - (\nabla\cdot q_i) + (\tau:\nabla v_{ij}) \qquad (4\text{-}92)$$

如果将上式在直角坐标系中展开，便有

$$\rho c_V\left(\frac{\partial T}{\partial t} + v_x\frac{\partial T}{\partial x} + v_y\frac{\partial T}{\partial y} + v_z\frac{\partial T}{\partial z}\right) = -\left(\frac{\partial q_x}{\partial x} + \frac{\partial q_y}{\partial y} + \frac{\partial q_z}{\partial z}\right) - T\left(\frac{\partial p}{\partial T}\right)_\rho\left(\frac{\partial v_x}{\partial x} + \frac{\partial v_y}{\partial y} + \frac{\partial v_z}{\partial z}\right) +$$

$$\left(\tau_{xx}\frac{\partial v_x}{\partial x} + \tau_{yy}\frac{\partial v_y}{\partial y} + \tau_{zz}\frac{\partial v_z}{\partial z}\right) + \left[\tau_{xy}\left(\frac{\partial v_x}{\partial y} + \frac{\partial v_y}{\partial x}\right)\right] + \tau_{xz}\left(\frac{\partial v_x}{\partial z} + \frac{\partial v_z}{\partial x}\right) + \tau_{yz}$$

$$(4\text{-}93)$$

这就是流动场中普遍的能量方程（能量方程实用式）。

4.3.3　能量方程的物理意义

前面已经从能量速率的角度讨论过能量方程式(4-72)，以下讨论式(4-92)和式(4-93) 的物理意义。

① $\rho c_V \dfrac{dT}{dt}$：单位时间内某一点的温度变化。

② $-(\nabla\cdot q_i) = \lambda\nabla^2 T = \lambda\Delta T = \lambda\left(\dfrac{\partial^2 T}{\partial x^2} + \dfrac{\partial^2 T}{\partial y^2} + \dfrac{\partial^2 T}{\partial z^2}\right)$：由热传导引起的温度变化，即空间位置变化引起的温度变化。

③ $T\left(\dfrac{\partial P}{\partial T}\right)_\rho \nabla\cdot v$：膨胀功引起的温度变化。

④ $(\tau:\nabla v_{ij})$：机械功转变为热能所引起的温度变化。

综上所述，流体中某一点的温度变化，是热传导、膨胀功和机械功作用的结果。

4.4　平板间的拖曳流动分析

前几节中介绍了连续性方程、动量方程和能量方程，如何运用这些基础方程来解决聚合物加工流变过程的实际问题，是一个比较复杂的难题。如何计算聚合物加工流变过程中的线速度、温度分布、流量以及如何测定流体的切变速率、切应力和表观剪切黏度等流变学物理量，这些都是很值得探讨的实际问题。由于聚

聚合物流变学基础

合物是黏弹性流体，其流变问题很复杂，一般的分析方法和步骤是：对问题做必要的假设，以简化模型（如简化动量方程和能量方程，以解得压力分布和温度分布等），引入本构方程（流变状态方程）和边界条件，联立求解，得出应力、速度等物理量分布的方程，再进一步求其他物理量。

拖曳流动是依靠边界运动产生的流动场。它通过黏性作用使流体与边界一起运动，也被称为库埃特流动（Couette low）。下面我们从简单到复杂，讨论流变学几处方程在一些简单问题上的应用。

4.4.1　简化模型

为便于讨论，首先对两平行平板间的流体作如下假设：
① 两平行平板间流体的流动是稳定层流。
② 两平行平板之间的距离 H 与平板的长度、宽度相比很小，即无边壁效应，是一维流动。
③ 下板静止不动，而上板可以沿 x 方向以 v_x 作等速剪切运动，即 $v_y = v_z = 0$，而 v_x 是随坐标 y 变化的，与 x 无关，即：

$$\frac{\partial v_x}{\partial x} = 0 \text{（全展流）}$$

④ 两平板间的流体与大气接触，因而流体中各点的静压是一样的，即 $P =$ 常数。
⑤ 两板的温度始终保持 T_w。
⑥ 流体是不可压缩的，即 $\rho =$ 常数。
⑦ 该高聚物流体接近牛顿流体。
⑧ 无体积力作用，即可忽略重力和惯性力的作用。

4.4.2　分析与求解

（1）分析

为求解该流体在流动过程中的切应力分布、线速度分布和温度分布，现根据上述简化模型进行分析，建立动量方程、能量方程和流变状态方程，代入边界条件，联立求解。

为便于讨论，这里选用直角坐标系。上面推导的各种流变基础方程，写起来很复杂，但是经过简化之后，再分析就变得简单。

（2）动量方程的简化

简化前 x 方向的动量方程为

$$\rho\left(\frac{\partial v_x}{\partial t}+v_x\frac{\partial v_x}{\partial y}+v_y\frac{\partial v_x}{\partial y}+v_z\frac{\partial v_x}{\partial z}\right)=-\frac{\partial P}{\partial x}+\left(\frac{\partial \tau_{xx}}{\partial x}+\frac{\partial \tau_{yx}}{\partial y}+\frac{\partial \tau_{zx}}{\partial z}\right)+\rho g_x$$

现根据假设而简化：

① 因为假设没有体积力作用，所以运动方程左边和右边的 ρg_x 可略去。

② 因为假设 $P=$ 常数，故 $\frac{\partial P}{\partial x}=0$。

③ 因为是不可压缩的全展流牛顿流体，故应力中的法向应力 $\tau_{xx}=\tau_{yy}=\tau_{zz}=0$。

④ 因为是一维层流，且物理量仅与 y 有关，故 $\frac{\partial \tau_{zx}}{\partial z}=0$。

所以，x 方向的运动方程经上述简化后，变为 $\frac{\partial \tau_{yx}}{\partial y}=0$

即在垂直于 y 轴的面上，指向 x 方向的切应力 τ_{yx} 是一个常数，不随 y 而变化。

（3） 能量方程的简化

简化前直角坐标系的能量方程为

$$\rho c_V\left(\frac{\partial T}{\partial t}+v_x\frac{\partial T}{\partial x}+v_y\frac{\partial T}{\partial y}+v_z\frac{\partial T}{\partial z}\right)=-\left(\frac{\partial q_x}{\partial x}+\frac{\partial q_y}{\partial y}+\frac{\partial q_z}{\partial z}\right)-T\left(\frac{\partial p}{\partial T}\right)_\rho\left(\frac{\partial v_x}{\partial x}+\frac{\partial v_y}{\partial y}+\frac{\partial v_z}{\partial z}\right)+$$
$$\left[\tau_{xx}\frac{\partial v_x}{\partial x}+\tau_{yy}\frac{\partial v_y}{\partial y}+\tau_{zz}\frac{\partial v_z}{\partial z}+\tau_{xy}\left(\frac{\partial v_x}{\partial y}+\frac{\partial v_y}{\partial x}\right)+\tau_{xz}\left(\frac{\partial v_x}{\partial z}+\frac{\partial v_z}{\partial x}\right)+\tau_{yz}\left(\frac{\partial v_y}{\partial z}+\frac{\partial v_z}{\partial y}\right)\right]$$

现根据假设而简化：

① 因为是稳流，而且温度 T 不随 x、z 变化，又因为是层流，$v_y=v_z=0$，故左边 $=0$。

② 前已假设仅有 x 方向剪切，沿 y 方向热传导，故 $q_x=q_z=0$。

③ 因为仅有沿 x 方向的一维流动，$v_y=v_z=0$，而 v_x 与 x 无关。

④ 因为是不可压缩的全展流牛顿流体，且只有在 x 方向剪切，故 $\tau_{xx}=\tau_{yy}=t_{zz}=0$，$\tau_{xz}=\tau_{yz}=0$。

这样，能量方程便简化为

$$-\frac{\partial q_y}{\partial y}+\tau_{xy}\left(\frac{\partial v_x}{\partial y}\right)=0 \tag{4-94}$$

式中，$\tau_{xy}\left(\frac{\partial v_x}{\partial y}\right)$ 为单位体积流体在一定点上的耗散速率，由机械能（剪切）变为热能；$-\frac{\partial q_y}{\partial y}$ 为在同一点，每单位体积流体的热传导损失能量的速率。

将 $q_y=-\lambda\frac{\partial T}{\partial y}j$ 代入上式，得

$$\tau_{xy}\left(\frac{\partial v_x}{\partial y}\right)=\frac{\partial q_y}{\partial y}=-\lambda\left(\frac{\partial^2 T}{\partial y^2}\right) \tag{4-95}$$

聚合物流变学基础

可见该流变问题有三个独立变量（三个未知数），但仅有两个方程，仍无法求解，故要找出流变状态方程和边界条件。

（4）流变状态方程

因假设该流体接近牛顿流体，故应力-应变关系可由牛顿定律表示：

$$\tau_{yx} = \mu\left(\frac{\partial v_x}{\partial y}\right) \tag{4-96}$$

（5）边界条件

$$\begin{aligned}
v_x(0) &= 0 \\
T(0) &= T_w \\
v_x(H) &= V_x \\
T(H) &= T_w
\end{aligned} \tag{4-97}$$

（6）求解

第一步，将式 $\dfrac{\partial \tau_{yx}}{\partial z} = 0$ 积分得

$$\tau_{yx} = \tau_{xy} = C_1$$

第二步，代入式 $\tau_{yx} = \mu\left(\dfrac{\partial v_x}{\partial y}\right)$，得

$$\mu\left(\frac{\partial v_x}{\partial y}\right) = C_1 \quad \text{或} \quad \frac{\partial v_x}{\partial y} = \frac{C_1}{\mu}$$

积分，得

$$v_x = \frac{C_1}{\mu}y + C_2 \tag{4-98}$$

第三步，将上式代入 $\tau_{xy}\left(\dfrac{\partial v_x}{\partial y}\right) = -\lambda\left(\dfrac{\partial^2 T}{\partial y^2}\right)$，得

$$\frac{\partial^2 T}{\partial y^2} = -\frac{C_1^2}{\lambda\mu} \tag{4-99}$$

将上式两次积分，得

$$T = -\frac{C_1^2}{\lambda\mu} \cdot \frac{y^2}{2} + C_3 y + C_4 \tag{4-100}$$

第四步，利用边界条件来确定上述各积分常数。

① 求 C_1

当 $\partial y \to H$，$\partial v_x \to v_x$ 时，从式 $\dfrac{\partial v_x}{\partial y} = \dfrac{C_1}{\mu}$ 可求得

$$\frac{v_x}{H} = \frac{C_1}{\mu} \tag{4-101}$$

所以，

$$C_1 = \mu \frac{V_x}{H} \quad (4\text{-}102)$$

② 求 C_2

当 $y=0$ 时，$v_x=0$，故从式 $v_x = \frac{C_1}{\mu} y + C_2$ 可得 $C_2=0$。

③ 求 C_3、C_4

当 $y=0$ 时，$T(0)=T_w$，从 $T = -\frac{C_1^2}{\lambda \mu} \cdot \frac{y^2}{2} + C_3 y + C_4$ 可知：

$$C_4 = T_w$$

当 $y=H$ 时，$T(H)=T_w$，得

$$C_3 = \frac{\mu V_x^2}{2\lambda H} \quad (4\text{-}103)$$

第五步，根据 C_1、C_2、C_3、C_4 求解切应力分布、速度分布和温度分布。

① 将 C_1 代入 $\tau_{yx} = \tau_{xy} = C_1$，得

$$\tau_{yx} = \tau_{xy} = C_1 = \mu \left(\frac{V_x}{H} \right) = 常数 \quad (4\text{-}104)$$

② 将 C_1，C_2 代入 $v_x = \frac{C_1}{\mu} y + C_2$，得

$$v_x = \frac{C_1}{\mu} y + C_2 = \frac{\mu \left(\frac{V_x}{H} \right)}{\mu} y + 0 = \frac{V_x}{H} y \quad (4\text{-}105)$$

即：

$$\frac{v_x}{V_x} = \frac{y}{H}$$

所以，v_x 仅是 y 的线性函数。

将 C_1，C_3，C_4 代入 $T = -\frac{C_1^2}{\lambda \mu} \cdot \frac{y^2}{2} + C_3 y + C_4$ 得

$$T = -\frac{C_1^2}{\lambda \mu} \cdot \frac{y^2}{2} + C_3 y + C_4 = -\frac{\left[\mu \left(\frac{V_x}{H} \right) \right]^2}{\lambda \mu} \cdot \frac{y^2}{2} + \frac{\mu V_x^2}{2\lambda H} y + T_w \quad (4\text{-}106)$$

所以，

$$T - T_w = \frac{\mu}{2\lambda} \left(\frac{V_x}{H} \right)^2 (Hy - y^2) \quad (4\text{-}107)$$

这就是温度分布方程式。

为便于作图，可将式(4-107) 变为

$$(T - T_w) \frac{2\lambda}{\mu V_x^2} = \left(\frac{y}{H} \right) \left(1 - \frac{y}{H} \right) \quad (4\text{-}108)$$

4.4.3 结果讨论

以 $\dfrac{v_x}{V_x}$ 对 $\dfrac{y}{H}$ 作图，以 $\dfrac{T-T_w}{\dfrac{\mu V_x^2}{2\lambda}}$ 对 $\dfrac{y}{H}$ 作图，如图 4.7 所示。

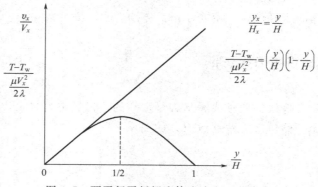

图 4.7 两平行平板间流体流速和温度分布

从 $\dfrac{v_x}{V_x}=\dfrac{y}{H}$ 可知，v_x 是 y 的一次函数，即在平板间某点的线速度 v_x 是该点坐标的函数，故为一条直线。从 $(T-T_w)\dfrac{2\lambda}{\mu V_x^2}=\left(\dfrac{y}{H}\right)\left(1-\dfrac{y}{H}\right)$ 可知，尽管两平板本身保持恒温 T_w，但是，两平行平板间流体内部各点的温度却是不一样的。只有当 $y=0$ 及 $y=H$ 时，$T=T_w$；而在 $y=H/2$ 时，流体温度最高，说明流体流动时，其内部各点的温度确实按抛物线分布，这与外界对体系做功有关。

由于实际流体有一定的黏度，流动时必须克服黏性阻力，所消耗的能量以热的形式发散。而热的传递又服从傅里叶热传导定律，即 $q_y=-\lambda\dfrac{\partial T}{\partial y}j$，所以 T 是 y 的函数，而不是 $T=T_w$。

与此类似，就是高聚物从薄片缝模挤出时，相当于靠壁处不动，而中间可动，显然其中也有温度分布。

4.5 双辊筒压延分析

开炼机、压延机是橡胶工业和塑料工业常用的机械。炼胶（塑炼、混炼、辊压等）和压延（压片、压薄膜、挂胶）工艺，经过多年的实践，积累了丰富的经验。在此基础上，人们对其流变学问题进行了一系列的理论探讨。由于橡胶与塑料在辊上加工过程相当复杂，既有物理变化也有化学变化，影响因素很多，特别是含多种配合剂的黏弹性物料，对其进行理论分析与计算就更为困难。关于在辊筒上加工过程的流变学问题，主要在两个方面进行探讨：一是流变理论计算（如速度分布、压力分布、横压力、功率、压延厚度等）；二是在辊筒上加工的不稳定性问题（如生胶的断裂特性及其与炼胶性能的关系、包辊的反常现象）。所以在此先做简化，抓住一些主要因素进行分析，以便得到虽是近似的却较为明确的分析，从而能对工艺过程加深理解。在介绍简化理论之后，我们将讨论一些幂律流体的压延理论，主要还是流体动力学方面的理论。

4.5.1　双辊筒工作原理

　　开炼机的两轴线通常都是水平的，依靠物料自重堆积进料，假设存在一个无限大的储料区，忽略重力，如图 4.8 所示。

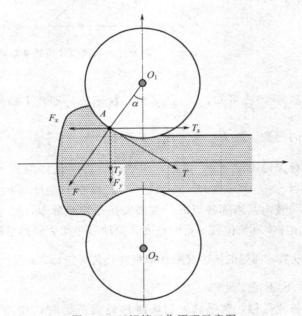

图 4.8　双辊筒工作原理示意图

　　假定物料在 A 点接触，有 $\angle AO_1O_2 = \alpha$，α 称为接触角。物料受到辊筒的径向压力 F，摩擦力 T，分别在 x、y 方向分解。令摩擦力 $T = f \cdot F = \tan\varphi \cdot F$，$\varphi$ 称为摩擦角。物料连续不断地进入辊隙的必要条件是 $T_x \geqslant F_x$，即 $T\cos\alpha \geqslant F\sin\alpha$，可证明 $\varphi \geqslant \alpha$。

　　可见，只有当摩擦角大于或等于接触角时，物料才能被钳入辊隙中；摩擦角与物料性质、加工温度和辊筒的表面状态有关。

4.5.2 简化模型

(1) 假设条件

① 流体为不可压缩的牛顿流体。

② 流动为稳定的二维流动，$v=v(x,y)$，$\dfrac{\partial v}{\partial t}=0$。

③ 流动为等温流动。

④ 没有化学变化。

⑤ 没有打滑作用。

⑥ 辊筒直径相同，辊筒线速度 V 相等，即为对称性过程。

⑦ 重力作用可以忽略。

(2) 简化方程

根据假设条件简化连续性方程如下。

① 二维流动，$v_z=0$。

② 不可压缩流体，ρ 为常数。

③ 稳定流动，$\dfrac{\partial \rho}{\partial t}=0$。

④ 两个固体表面作相对运动时，其间被一层很薄的黏性流体所隔开，则这间隙中的黏性流动满足"润滑近似"，即将二维流动在一小段范围内看做是一维流动。

所以，方程可简化为

$$\frac{\partial v_x}{\partial x}+\frac{\partial v_y}{\partial y}=0 \tag{4-109}$$

简化动量方程为：

$$-\frac{\partial P}{\partial x}+\frac{\partial \tau_{yx}}{\partial y}=0 \tag{4-110}$$

或

$$-\frac{\partial P}{\partial x}+\mu\frac{\partial^2 v_x}{\partial y^2}=0 \tag{4-111}$$

4.5.3 分析与求解

因为压力 P 仅为 y 的函数，即 $P=P(y)$，即 $\dfrac{\partial P}{\partial x}\rightarrow\dfrac{\mathrm{d}P}{\mathrm{d}x}$，所以

$$\frac{\partial^2 v_x}{\partial y^2}=\frac{1}{\mu}\frac{\mathrm{d}P}{\mathrm{d}x} \tag{4-112}$$

将上式积分得

$$\frac{\partial v_x}{\partial y} = \dot{\gamma} = \frac{1}{\mu}\left(\frac{\mathrm{d}P}{\mathrm{d}x}\right)y + C_1 \qquad (4\text{-}113)$$

因为，当 $y=0$ 时，$\dot{\gamma}=0$，所以 $C_1=0$。再积分一次，得

$$v_x = \frac{1}{2\mu}\left(\frac{\mathrm{d}P}{\mathrm{d}x}\right)y^2 + C_2 \qquad (4\text{-}114)$$

取边界条件，$y=H(x)$ 时，$v_x=V$，所以

$$C_2 = V - \frac{1}{2\mu}\left(\frac{\mathrm{d}P}{\mathrm{d}x}\right)H^2$$

所以，速度分布方程为

$$v_x = V + \frac{y^2 - H^2}{2\mu}\left(\frac{\mathrm{d}P}{\mathrm{d}x}\right) \qquad (4\text{-}115)$$

从式(4-115)中，可明显看出 v_x 是 y 的函数，而与 x 的函数关系不明显，要通过 $H(x)$ 和 $P(x)$ 才能看出，但因 $P(x)$ 仍未知，故这里 v_x 的解是不完全的。从式中还可以看出，v_x 由两项组成，一项是常数 V（辊筒表面线速度），另一项是抛物线函数值。

通过辊距每单位宽度（辊筒轴向长度）的体积流速为

$$q_v = 2\int_0^H v_x\,\mathrm{d}y = 2\int_0^H\left[V + \frac{y^2 - H^2}{2\mu}\left(\frac{\mathrm{d}P}{\mathrm{d}x}\right)\right] = 2H\left[V - \frac{H^2}{3\mu}\left(\frac{\mathrm{d}P}{\mathrm{d}x}\right)\right] \qquad (4\text{-}116)$$

4.5.4　无量纲量

为简化方程，并使之适用于不同规格的辊筒，故引入无量纲量。从几何关系，不难求出

$$H = H_0 + R - \sqrt{R^2 - x^2} \qquad (4\text{-}117)$$

将式（4-117）中的 $\sqrt{R^2 - x^2}$ 按幂级数展开，取前两项得 $R - \dfrac{x^2}{2R}$，则式(4-117)变为

$$H = H_0 + R - \left(R - \frac{x^2}{2R}\right) = H_0 + \frac{x^2}{2R} \qquad (4\text{-}118)$$

或

$$H = H_0\left(1 + \frac{x^2}{2H_0 R}\right) \qquad (4\text{-}119)$$

定义无量纲量

$$\rho = \frac{x}{\sqrt{2H_0 R}} \qquad (4\text{-}120)$$

则 $\qquad\qquad\qquad H = H_0(1 + \rho^2)$ 或 $\dfrac{H}{H_0} = 1 + \rho^2 \qquad (4\text{-}121)$

4.5.5 压力分布方程

从式(4-116) 可得

$$\frac{\mathrm{d}P}{\mathrm{d}x}=\frac{3\mu}{H^2}\left(V-\frac{q_v}{2H}\right) \tag{4-122}$$

通过式 $\rho=\dfrac{x}{\sqrt{2H_0R}}$ 和式(4-122)，可得

$$\frac{\mathrm{d}P}{\mathrm{d}\rho}=\frac{\mu V}{H_0}\sqrt{\frac{18R}{H_0}}\left[\frac{\rho^2-\left(\dfrac{q_v}{2VH_0}-1\right)}{(1+\rho^2)^3}\right]=\frac{\mu V}{H_0}\sqrt{\frac{18R}{H_0}}\left[\frac{\rho^2-\lambda^2}{(1+\rho^2)^3}\right] \tag{4-123}$$

式中，λ 为单位辊筒宽度的无量纲的流动速率，其定义为：

$$\lambda^2=\frac{q_v}{2VH_0}-1 \tag{4-124}$$

当 $x=x_1$ 时，胶片则以速度 V 离开辊筒，脱离接触；此时，分离点 $\rho=\lambda$，$H=H_1$，即可得

$$\rho^2=\lambda^2=\frac{x_1^2}{2H_0R} \tag{4-125}$$

由上述两式，对单位辊筒宽度可得

$$q_v=2VH_1 \tag{4-126}$$

$$\lambda^2=\frac{H_1}{H_0}-1 \tag{4-127}$$

将 $\dfrac{\mathrm{d}P}{\mathrm{d}\rho}=\dfrac{\mu V}{H_0}\sqrt{\dfrac{18R}{H_0}}\left[\dfrac{\rho^2-\lambda^2}{(1+\rho^2)^3}\right]$ 积分，得

$$P=\frac{\mu V}{H_0}\sqrt{\frac{18R}{H_0}}\int\frac{\rho^2-\lambda^2}{(1+\rho^2)^3}\mathrm{d}\rho=\frac{\mu V}{H_0}\sqrt{\frac{18R}{H_0}}\left[\frac{-\rho(1+\rho^2)}{4(1+\rho^2)^2}+\frac{\rho-3\rho\lambda^2}{8(1+\rho^2)}+\frac{1-3\lambda^2}{8}\mathrm{arctan}\rho+C\right]$$

整理，得

$$P=\frac{\mu V}{H_0}\sqrt{\frac{9R}{32H_0}}\left\{\left[\frac{\rho^2-1-5\lambda^2-3\lambda^2\rho^2}{(1+\rho^2)^2}\right]\rho+(1-3\lambda^2)\mathrm{arctan}\rho+C\right\} \tag{4-128}$$

简写为

$$P=\frac{\mu V}{H_0}\sqrt{\frac{9R}{32H_0}}\left[g(\rho,\lambda)+C\right] \tag{4-129}$$

$$g(\rho,\lambda)=\left[\frac{\rho^2-1-5\lambda^2-3\lambda^2\rho^2}{(1+\rho^2)^2}\right]\rho+(1-3\lambda^2)\mathrm{arctan}\rho \tag{4-130}$$

当 $\rho=\lambda$，$P=0$，求得

$$C=\frac{(1+3\lambda^2)\lambda}{1+\lambda^2}-(1-3\lambda^2)\mathrm{arctan}\lambda \tag{4-131}$$

在加工操作感兴趣区域内，$C \approx 5\lambda$。

从 $\dfrac{\mathrm{d}P}{\mathrm{d}\rho} = \dfrac{\mu V}{H_0}\sqrt{\dfrac{18R}{H_0}}\left[\dfrac{\rho^2 - \lambda^2}{(1+\rho^2)^3}\right]$ 可以看出，当 $\rho = \pm\lambda$ 时，$\dfrac{\mathrm{d}P}{\mathrm{d}\rho} = 0$。

压力分布的讨论分为以下四种情况。

① 当 $\rho = -\lambda$（在入辊前一段处）时，从上式中可看出，$\mathrm{d}P/\mathrm{d}\rho = 0$。如上所述，$P$ 为最大值。将 $\rho = -\lambda$ 代入式

$$g(\rho,\lambda) = \left[\dfrac{\rho^2 - 1 - 5\lambda^2 - 3\lambda^2\rho^2}{(1+\rho^2)^2}\right]\rho + (1 - 3\lambda^2)\arctan\rho$$

得

$$g(\rho,\lambda) = g(-\lambda,\lambda) = C = 5\lambda^3$$

所以，最大压力值为

$$P_{\max} = \dfrac{\mu V}{H_0}\sqrt{\dfrac{9R}{32H_0}} \cdot 2C = \dfrac{15\mu V\lambda^3}{2H_0}\sqrt{\dfrac{R}{2H_0}} \tag{4-132}$$

② 当 $\rho = +\lambda$（在出胶片处）时，$\dfrac{\mathrm{d}P}{\mathrm{d}\rho} = 0$。如上所述，$P$ 为最小值。将 $\rho = +\lambda$ 代入得

$$g(\rho,\lambda) = g(\lambda,\lambda) = -C = -5\lambda^3$$

所以

$$P = P_{\min} = 0$$

③ 当 $\rho = 0$ 时（在辊距处），代入得

$$g(\rho,\lambda) = g(0,\lambda) = 0$$

此时，

$$P = \dfrac{\mu V}{H_0}\sqrt{\dfrac{9R}{32H_0}}\left[g(\rho,\lambda) + C\right] = \dfrac{\mu V}{H_0}\sqrt{\dfrac{9R}{32H_0}}C = \dfrac{1}{2}P_{\max} \tag{4-133}$$

④ 当 $\rho = -\rho_0$（物料入口处），$P = 0$，则得

$$g(\rho,\lambda) = g(-\rho_0,\lambda) = -C = -5\lambda^3$$

P 与 ρ，λ 的关系如图 4.9 所示。

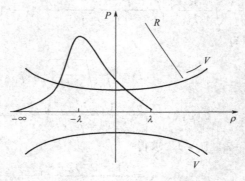

图 4.9　压力分布曲线

聚合物流变学基础

4.5.6 速度分布方程

综合两方程：

$$v_x = V + \frac{y^2 - H^2}{2\mu}\left(\frac{\mathrm{d}P}{\mathrm{d}x}\right)$$

$$\frac{\mathrm{d}P}{\mathrm{d}\rho} = \frac{\mu V}{H_0}\sqrt{\frac{18R}{H_0}}\left[\frac{\rho^2 - \lambda^2}{(1+\rho^2)^3}\right]$$

设无量纲的单位速度 $u_x = \dfrac{v_x}{V}$，无量纲的单位辊隙 $\xi = \dfrac{y}{H}$，可得

$$u_x = 1 + \frac{3}{2}\frac{(1-\xi^2)(\lambda^2 - \rho^2)}{1+\rho^2} \tag{4-134}$$

由图 4.10 及无量纲速度分布方程可知：

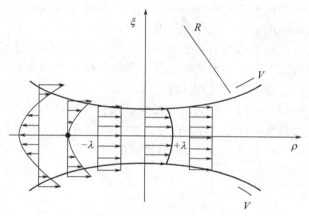

图 4.10　速度分布示意图

① 当 $\rho = \pm\lambda$ 时，$u_x = 1$，即 $v_x = V$，物料匀速行进。即在压力最大处（$P = P_{\max}$）和物料离开处，其速度分布是平的。

② 当 $-\lambda < \rho < +\lambda$ 时，$u_x > 1$。此范围内，压力从最大值渐降至 0，压力梯度为负值，所以物料正流动方向有一压力流，故物料速度分布呈凸状曲线，中央最高。即在压力作用下，中间的流速逐渐比靠近辊面两边的快。在辊距最小处，中间的速度达最大值，因而速度梯度也最大，也就是出现所谓"超前现象"。

③ 当 $\rho < -\lambda$ 时，压力是逐渐增大的，正的压力梯度阻碍了物料向前流动，因而中间的物料比两边的流速慢，故速度分布呈凹面形，即出现所谓的"滞后现象"。

④ 随着 ρ 逐渐减小，最终会出现这样一点，即在中平面上 $v_x = 0$，该点称为滞留点或驻点。此时的 ρ 记作 ρ^*，$\rho^* = -\sqrt{3\lambda^2 + 2}$，于 $\xi = 0$ 有 $u_x = 0$。在

$\rho^* < \rho < -\lambda$ 区间内，$u_x < 1$，速度分布呈凹状曲线。

⑤ 当 $\rho < \rho^*$ 时，物料与滚筒表面接触范围 $u_x > 0$，中央部分 $u_x < 0$。因为有正反两种速度，在中平面附近有负速度，故在此区域物料有回流，造成堆料的旋转，则称 ρ^* 为临界点；在 $\rho > \rho^*$ 处，因速度为正，故无物料旋转；在 $\rho < \rho^*$ 处，因有正、负速度，故有物料旋转运动。因此，混炼时在这里加入配合剂，对混合有重要作用。

4.6　柱坐标系下的流体压力流动分析

在高聚物成型加工过程中，所使用的模具种类繁多，但归纳常见的流道形状基本上有圆管形和狭缝形两种。在高聚物的挤出、注射、纺丝等加工过程中，常常碰到在圆管中的流变过程，因此，应用流变学基础方程来研究这一流变过程，对控制工艺条件和设计基础口模、注射流道具有实际意义。又如应用毛细管流变仪可测得接近加工条件的流变学物理量，测得切应力、切边速率、表观黏度，而且还可以从挤出物的膨胀情况和外观，研究流体弹性和不稳定流动现象以及这些流动特性与分子结构参数、加工条件、配方等的关系，所以研讨圆管中的流变过程，既有理论意义又有实际意义。

例如一个圆管中的流变过程，设管子半径为 R，流向为 z，静压为 P，管外温度始终保持 T_w，为了讨论方便，选用柱坐标系 (r, θ, z)，考虑由 r、θ、z 各取微小增量 dr、$d\theta$、dz 所组成的微柱体，如图 4.11 所示。

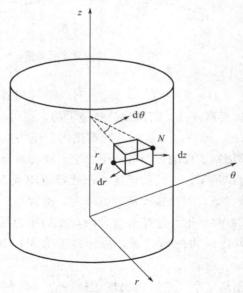

图 4.11　柱坐标系的微柱体

4.6.1 简化模型

（1）假设条件

分析运动方程和能量方程，为便于讨论作出如下假设。

① 流动是稳流。

② 流动是轴向层流。如 z 为流动方向，v_z 仅为与轴线距离 r 的函数，即 $\dfrac{\mathrm{d}z}{\mathrm{d}t}=v_z(r)$，而柱坐标系中，$r$ 与 θ 方向的速度为 0，即 $v_r=v_\theta=0$。

③ 流动为全展流，即 $\dfrac{\partial P}{\partial z}=$ 常数，$\dfrac{\partial v_z}{\partial z}=0$。即静压 P 沿着管长有压力降，但压力梯度为常数，沿流动方向的速度不变。

④ 流体为不可压缩流体，密度不变。

⑤ 流道壁面上（$r=R$）没有滑动，即当 $r=R$ 时，$v_z=0$。

⑥ 重力可以忽略。

下面分析各方向的动量方程。

（2）动量方程的简化

① z 方向

简化前 z 方向的动量方程如下：

$$\rho\left(\frac{\partial v_r}{\partial t}+v_r\frac{\partial v_r}{\partial r}+\frac{v_\theta}{r}\frac{\partial v_r}{\partial \theta}+v_z\frac{\partial v_r}{\partial z}\right)=-\frac{\partial P}{\partial r}+\left[\frac{1}{r}\frac{\partial}{\partial r}(r\tau_{rr})+\frac{1}{r}\frac{\partial \tau_{\theta z}}{\partial \theta}\frac{\partial \tau_{\theta\theta}}{\partial r}+\frac{\partial \tau_{rz}}{\partial z}\right]+\rho g_z$$

$$(4\text{-}135)$$

式（4-135）等号的左边为惯性力项，等号的右边，$-\dfrac{\partial P}{\partial Z}$ 为静压项，方括号内为黏性力项，而 ρg_z 则为重力项。

如同上述，由于聚合物黏度很大，流速很低，反映惯性力与黏性力之比的雷诺准数很小，即惯性力与黏性力相比可以忽略，故上式左边为零。

由于上面已假设重力可以忽略，故上式右边的 ρg_z 可以略去。至于黏性力项中的 $-\dfrac{\partial \tau_{\theta z}}{\partial \theta}$ 和 $-\dfrac{\partial \tau_{zz}}{\partial z}$ 这两项之所以等于零，其简证如下。根据"切应力互等定律"，$\tau_{\theta z}=\tau_{z\theta}$，而 $\tau_{z\theta}$ 是引起环流的，但上面已假设仅有轴向层流，没有环流，$v_\theta=0$，故 $\tau_{z\theta}=0$，当然 $\dfrac{\partial \tau_{\theta z}}{\partial \theta}=0$。前面并没有对液体的类型作任何规定，但因为已假设是全展流，故应沿 z 轴均等，即 $\dfrac{\partial \tau_{zz}}{\partial z}=0$。

经分析，z 方向的运动方程在形式上为：

$$\frac{\partial P}{\partial z} = \frac{1}{r} \frac{\partial}{\partial r} (r\tau_{rz}) \tag{4-136}$$

② r 方向

简化前 r 方向的运动方程为：

$$\rho \left(\frac{\partial v_r}{\partial t} + v_r \frac{\partial v_r}{\partial r} + \frac{v_\theta}{r} \frac{\partial v_r}{\partial \theta} + v_z \frac{\partial v_\theta}{\partial z} \right) = -\frac{1}{r} \frac{\partial P}{\partial r} + \left[\frac{1}{r} \frac{\partial}{\partial r} (r\tau_{rr}) + \frac{1}{r} \frac{\partial \tau_{r\theta}}{\partial \theta} \frac{\tau_{\theta\theta}}{r} + \frac{\partial \tau_{\theta z}}{\partial z} \right] + \rho g_r \tag{4-137}$$

与上述分析 z 方向的运动方程相似，略去惯性力项和重力项。由于 $\tau_{r\theta}$ 是引起环流的，根据假设得知 $\tau_{r\theta}=0$，故 $\frac{\partial \tau_{r\theta}}{\partial \theta}=0$，又由于前面已介绍过的，$\tau_{rz}=\frac{\Delta P}{2L} r$，即 τ_{rz} 是 r 的函数，与 z 无关，故 $\frac{\partial \tau_{rz}}{\partial z}=0$。则 r 方向的运动方程变为：

$$\frac{\partial P}{\partial r} = \frac{1}{r} \frac{\partial}{\partial r} (r\tau_{rr}) - \frac{\tau_{\theta\theta}}{r} = \frac{\partial \tau_{rr}}{\partial r} + \frac{\tau_{rr}}{r} - \frac{\tau_{\theta\theta}}{r} = \frac{\partial \tau_{rr}}{\partial r} + \frac{\tau_{rr} - \tau_{\theta\theta}}{r} \tag{4-138}$$

式(4-138) 中的 $\tau_{rr} - \tau_{\theta\theta}$ 称为第二法向应力差，而 $\tau_{zz} - \tau_{rr}$ 称为第一法向应力差，二者均反映弹性。

③ θ 方向

简化前 θ 方向的运动方程如下：

$$\rho \left(\frac{\partial v_\theta}{\partial t} + v_r \frac{\partial v_\theta}{\partial r} + \frac{v_\theta}{r} \frac{\partial v_\theta}{\partial \theta} + v_z \frac{\partial v_\theta}{\partial z} \right) = -\frac{1}{r} \frac{\partial P}{\partial \theta} + \left[\frac{1}{r^2} \frac{\partial}{\partial r} (r^2 \tau_{r\theta}) + \frac{1}{r} \frac{\partial \tau_{\theta\theta}}{\partial \theta} + \frac{\partial \tau_{\theta z}}{\partial z} \right] \tag{4-139}$$

同上述分析 r、z 方向相同，略去惯性力项和重力项，又由于 τ_{rz} 和 $\tau_{\theta z}$ 均是引起环流的，故 $\frac{\partial \tau_{r\theta}}{\partial r}=\frac{\partial \tau_{\theta z}}{\partial z}=0$。由于是轴向层流，只要 r 一定，任何 θ 位置的均一样，所以 $\frac{\partial \tau_{\theta\theta}}{\partial \theta}=0$，则 θ 方向的运动方程为：

$$\frac{1}{r} \frac{\partial P}{\partial \theta} = 0 \tag{4-140}$$

式(4-140) 说明静压 P 沿 z 轴方向是对称的。至此，得到简化后的运动方程：

z 向：

$$\frac{\partial P}{\partial z} = \frac{1}{r} \frac{\partial}{\partial r} (r\tau_{rz})$$

r 向：

$$\frac{\partial P}{\partial r} = \frac{1}{r} \frac{\partial}{\partial r} (r\tau_{rr}) - \frac{\tau_{\theta\theta}}{r} = \frac{\partial \tau_{rr}}{\partial r} + \frac{\tau_{rr}}{r} - \frac{\tau_{\theta\theta}}{r} = \frac{\partial \tau_{rr}}{\partial r} + \frac{\tau_{rr} - \tau_{\theta\theta}}{r}$$

θ 向：

$$\frac{1}{r} \frac{\partial P}{\partial \theta} = 0$$

聚合物流变学基础

(3) 能量方程的简化

简化前 r 方向的能量方程为：

$$\rho c_V \left(\frac{\partial T}{\partial t} + v_r \frac{\partial T}{\partial r} + \frac{v_\theta}{r} \frac{\partial T}{\partial \theta} + v_z \frac{\partial T}{\partial z} \right)$$

$$= - \left[\frac{1}{r} \frac{\partial}{\partial r}(rq_r) + \frac{1}{r} \frac{\partial q_\theta}{\partial \theta} + \frac{\partial q_z}{\partial z} \right] - T \left(\frac{\partial p}{\partial T} \right)_\rho \left[\frac{1}{T} \frac{\partial}{\partial r}(rv_r) + \frac{1}{r} \frac{\partial v_\theta}{\partial \theta} + \frac{\partial v_z}{\partial z} \right] +$$

$$\left\{ \left[\tau_{rr} \frac{\partial v_r}{\partial r} + \tau_{\theta\theta} \frac{1}{r} \left(\frac{\partial v_\theta}{\partial \theta} + v_r \right) + \tau_{zz} \frac{\partial v_z}{\partial z} \right] + \tau_{r\theta} \left[r \frac{\partial}{\partial r} \left(\frac{v_\theta}{r} \right) + \frac{1}{r} \frac{\partial v_r}{\partial \theta} \right] + \tau_{rz} \left(\frac{\partial v_z}{\partial r} + \frac{\partial v_r}{\partial z} \right) + \tau_{\theta z} \left(\frac{1}{r} \frac{\partial v_z}{\partial \theta} + \frac{\partial v_\theta}{\partial z} \right) \right\}$$

$$\tag{4-141}$$

为了简化能量方程，除了上述简化外，再做如下假设：

① 流动为稳定流动，则 $\frac{\partial T}{\partial t} = 0$。

② 温度不随时间变化，只是沿 r 方向有热传导，有温度变化：式左边 $\frac{\partial T}{\partial \theta}$、

$\frac{\partial T}{\partial z}$ 均为 0，虽然 $\frac{\partial T}{\partial r}$ 不为 0，但因 $v_r = 0$，故 $v_r \frac{\partial T}{\partial r} = 0$，又因为 $q_\theta = q_z = 0$，$q_r \neq 0$。

最终，能量方程可以简化为

$$\frac{1}{r} \frac{\partial}{\partial r}(rq_r) = \tau_{rz} \frac{\partial v_z}{\partial r} \tag{4-142}$$

式中

$$q_r = -\lambda \frac{\partial T}{\partial r} \tag{4-143}$$

4.6.2 分析与求解

对于牛顿与非牛顿流体，其流变状态方程分别为：

① 牛顿流体

$$\tau_{rz} = \mu \left(\frac{\partial v_z}{\partial r} \right) = \mu \dot{\gamma} \tag{4-144}$$

② 非牛顿流体

$$\tau_{rz} = K \left(\frac{\partial v_z}{\partial r} \right)^n = K \dot{\gamma}^n \tag{4-145}$$

利用流变方程，下面主要对非牛顿流体进行速度及温度分布的求解。

(1) 速度分布

① 求 v_z

将非牛顿幂律流体状态方程代入简化后的动量方程，则得到：

$$\frac{\partial P}{\partial z} = \frac{1}{r}\frac{\partial}{\partial r}(rK\dot{\gamma}^n) \qquad (4\text{-}146)$$

积分，得

$$r\dot{\gamma}^n = \frac{\partial P}{\partial z} \cdot \frac{r^2}{2K} + C_1 \qquad (4\text{-}147)$$

根据边界条件得知，当 $r=0$，$\frac{\partial v_z}{\partial r} = \dot{\gamma} = 0$，$C_1 = 0$，所以可得：

$$\dot{\gamma}^n = \left(\frac{\partial P}{\partial z}\right)\frac{r}{2K} \qquad (4\text{-}148)$$

则

$$\dot{\gamma} = \frac{\partial v_z}{\partial r} = \left[\left(\frac{\partial P}{\partial z}\right)\frac{r}{2K}\right]^{\frac{1}{n}} \qquad (4\text{-}149)$$

将上式积分，得

$$v_z = \left(\frac{\partial P}{\partial z}\right)^{\frac{1}{n}}\left(\frac{1}{2K}\right)^{\frac{1}{n}}\left(\frac{n}{n+1}\right)r^{\frac{n+1}{n}} + C_2 \qquad (4\text{-}150)$$

根据边界条件，当 $r=R$ 时，$v_z=0$，所以

$$C_2 = -\left(\frac{n}{n+1}\right)R^{\frac{n+1}{n}}\left[\frac{1}{2K}\left(\frac{\partial P}{\partial z}\right)\right]^{\frac{1}{n}} \qquad (4\text{-}151)$$

所以，速度分布方程为

$$v_z = -\left[\frac{1}{2K}\left(\frac{\partial P}{\partial z}\right)\right]^{\frac{1}{n}}\left(\frac{n}{n+1}\right)R^{\frac{n+1}{n}}\left[1-\left(\frac{r}{R}\right)^{\frac{n+1}{n}}\right] \qquad (4\text{-}152)$$

② 求 v_z/v_0

根据边界条件，当 $r=0$ 时，$v_z=v_0$，所以

$$v_0 = -\left[\frac{1}{2K}\left(\frac{\partial P}{\partial z}\right)\right]^{\frac{1}{n}}\left(\frac{n}{n+1}\right)R^{\frac{n+1}{n}} \qquad (4\text{-}153)$$

如果是牛顿流体，则

$$v_0 = -\frac{R^2}{4\mu}\left(\frac{\partial P}{\partial z}\right) \qquad (4\text{-}154)$$

将 v_z 与 v_0 相除，则得：

$$\frac{v_z}{v_0} = 1 - \left(\frac{r}{R}\right)^{\frac{n+1}{n}} \qquad (4\text{-}155)$$

如果 $n=1$，则

$$\frac{v_z}{v_0} = 1 - \left(\frac{r}{R}\right)^2 \qquad (4\text{-}156)$$

和牛顿流体的公式相同。

③ 求 $v_z/\bar{v}_z$

如以平均速度 $\bar{v}_z$ 来表示，需做如下推导。

a. 求体积流速 Q

当取有限管长 L 时，压力降为 ΔP，此时 $\Delta P = -\left(\dfrac{\partial P}{\partial z}\right)$，则 v_z 变为

$$v_z = \left(\frac{\Delta P}{2KL}\right)^{\frac{1}{n}}\left(\frac{n}{n+1}\right)R^{\frac{n+1}{n}}\left[1-\left(\frac{r}{R}\right)^{\frac{n+1}{n}}\right] \tag{4-157}$$

将上式对 r 作整个截面积分，求得 Q 为：

$$Q = 2\pi\int_0^R v_z r\,\mathrm{d}r = 2\pi\left(\frac{\Delta P}{2KL}\right)^{\frac{1}{n}}\left(\frac{n}{n+1}\right)\int_0^R\left(R^{\frac{n+1}{n}}-r^{\frac{n+1}{n}}\right)r\,\mathrm{d}r = \pi\left(\frac{\Delta P}{2KL}\right)^{\frac{1}{n}}\left(\frac{n}{3n+1}\right)R^{\frac{3n+1}{n}} \tag{4-158}$$

b. 以 v_0 表示 Q

从 v_0 可知

$$v_0 = \left(\frac{\Delta P}{2KL}\right)^{\frac{1}{n}}\left(\frac{n}{n+1}\right)R^{\frac{n+1}{n}} \tag{4-159}$$

将式（4-158）变换一下代入式（4-159）中得

$$Q = \pi\left(\frac{n+1}{3n+1}\right)R^2 v_0 \tag{4-160}$$

c. 求平均线速度 $\bar{v}_z$

因为 $Q = \pi R^2 \bar{v}_z$，所以

$$\bar{v}_z = \frac{Q}{\pi R^2} = \left(\frac{n+1}{3n+1}\right)v_0 = \left(\frac{\Delta P}{2KL}\right)^{\frac{1}{n}}\left(\frac{n}{3n+1}\right)R^{\frac{n+1}{n}} \tag{4-161}$$

d. v_z 与 $\bar{v}_z$ 的关系

将式（4-157）变换一下，与式（4-161）相比可得：

$$v_z = \bar{v}_z\left(\frac{3n+1}{n+1}\right)\left[1-\left(\frac{r}{R}\right)^{\frac{n+1}{n}}\right] \tag{4-162}$$

将（4-162）做变换，得：

$$\frac{v_z}{\bar{v}_z} = \left(\frac{3n+1}{n+1}\right)\left[1-\left(\frac{r}{R}\right)^{\frac{n+1}{n}}\right] \tag{4-163}$$

这就是线速度无量纲 $v_z/\bar{v}_z$ 与表示位置的无量纲 r/R 的关系。其分布曲线如图 4.12 所示。

④ 讨论

线速度无量纲 $v_z/\bar{v}_z$ 与表示位置的无量纲 r/R 的关系分布曲线如图 4.12 所示。可见，线速度 v_z 的大小与流变指数有关。

当 $n<1$ 时，即为加速性流体，则高聚物流体的线速度 v_z 随半径的变化较小，即各层流体的线速度差较小，这是因为大分子链较长，流动时会跨越多个速度层，受到不同层的牵连，因而减小各层间的速度差。

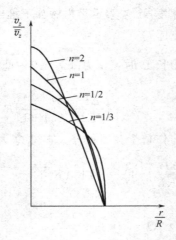

图 4.12 幂律流体在圆管中流动时的线速度分布

从 $v_0=\left(\dfrac{\Delta P}{2KL}\right)^{\frac{1}{n}}\left(\dfrac{n}{n+1}\right)R^{\frac{n+1}{n}}$ 和 $\overline{v}_z=\left(\dfrac{\Delta P}{2KL}\right)^{\frac{1}{n}}\left(\dfrac{n}{3n+1}\right)R^{\frac{n+1}{n}}$ 可见，当 $n=1$ 时，

牛顿流体 $\overline{v}_z=\dfrac{1}{2}v_0$，即平均速度是最大速度 v_0（管中心速度）的一半；当 $n\to$ 0，非牛顿很强的流体，这时 $\overline{v}_z=v_0$，这就相当于柱塞的运动。当 n 很大时，$\overline{v}_z$ 比 v_0 小许多；当 $n\neq1$，v_z 与 n 的大小有关。

（2）温度分布

① 能量方程

将式（4-143）、式（4-145）代入式（4-142），即得经过上述简化后的非牛顿幂律流体的能量方程：

$$-\frac{\lambda}{r}\frac{\partial}{\partial r}\left[r\left(\frac{\partial T}{\partial r}\right)\right]=K\left(\frac{\partial v_z}{\partial r}\right)^n\left(\frac{\partial v_z}{\partial r}\right)=K\dot{\gamma}^{n+1} \tag{4-164}$$

② 温度分布方程

将 $q_r=-\lambda\dfrac{\partial T}{\partial r}$ 和 $\tau_{rz}=K\left(\dfrac{\partial v_z}{\partial r}\right)^n=K\dot{\gamma}^n$ 代入 $\dfrac{1}{r}\dfrac{\partial}{\partial r}(rq_r)=\tau_{rz}\dfrac{\partial v_z}{\partial r}$，可得

$$\frac{-\lambda}{r}\frac{\partial}{\partial r}\left(r\frac{\partial T}{\partial r}\right)=K\left(\frac{\partial v_z}{\partial r}\right)^n\frac{\partial v_z}{\partial r}=K\dot{\gamma}^{n+1} \tag{4-165}$$

将 $\dot{\gamma}=\dfrac{\partial v_z}{\partial r}=\left[\left(\dfrac{\partial P}{\partial z}\right)\dfrac{r}{2K}\right]^{\frac{1}{n}}$ 代入式（4-165），得

$$\frac{-\lambda}{r}\frac{\partial}{\partial r}\left(r\frac{\partial T}{\partial r}\right)=K\left[\left(\frac{\partial P}{\partial z}\right)\frac{r}{2K}\right]^{\frac{n+1}{n}} \tag{4-166}$$

整理，得

$$\frac{\partial}{\partial r}\left(r\frac{\partial T}{\partial r}\right)=-\frac{1}{\lambda}\left(\frac{\partial P}{\partial z}\right)^{\frac{n+1}{n}}\left(\frac{1}{2K}\right)^{\frac{1}{n}}r^{\frac{2n+1}{n}} \tag{4-167}$$

将上式积分，得

$$r \frac{\partial T}{\partial r} = -\frac{1}{\lambda}\left(\frac{1}{2K}\right)^{\frac{1}{n}}\left(\frac{\partial P}{\partial z}\right)^{\frac{n+1}{n}}\frac{n}{3n+1}r^{\frac{3n+1}{n}}+C_3 \qquad (4\text{-}168)$$

根据边界条件，当 $r=0$ 时，$\dfrac{\partial T}{\partial r}=0$，所以 $C_3=0$，代入上式得

$$r \frac{\partial T}{\partial r} = -\frac{1}{\lambda}\left(\frac{1}{2K}\right)^{\frac{1}{n}}\left(\frac{\partial P}{\partial z}\right)^{\frac{n+1}{n}}\frac{n}{3n+1}r^{\frac{3n+1}{n}} \qquad (4\text{-}169)$$

将上式积分得

$$T = -\frac{1}{\lambda}\left(\frac{1}{2K}\right)^{\frac{1}{n}}\left(\frac{\partial P}{\partial z}\right)^{\frac{n+1}{n}}\left(\frac{n}{3n+1}\right)^2 r^{\frac{3n+1}{n}}+C_4 \qquad (4\text{-}170)$$

根据边界条件，当 $r=R$ 时，$T=T_w$，则

$$C_4 = T_w + \frac{1}{\lambda}\left(\frac{1}{2K}\right)^{\frac{1}{n}}\left(\frac{\partial P}{\partial z}\right)^{\frac{n+1}{n}}\left(\frac{n}{3n+1}\right)^2 R^{\frac{3n+1}{n}} \qquad (4\text{-}171)$$

整理，得

$$T - T_w = \frac{1}{\lambda}\left(\frac{1}{2K}\right)^{\frac{1}{n}}\left(\frac{\partial P}{\partial z}\right)^{\frac{n+1}{n}}\left(\frac{n}{3n+1}\right)^2 R^{\frac{3n+1}{n}}\left[1-\left(\frac{r}{R}\right)^{\frac{3n+1}{n}}\right] \qquad (4\text{-}172)$$

即温度分布方程。

③ 无量纲量的关系

根据边界条件，当 $r=0$ 时，$T=T_0$，则从上式可得

$$T_0 - T_w = \frac{1}{\lambda}\left(\frac{1}{2K}\right)^{\frac{1}{n}}\left(\frac{\partial P}{\partial z}\right)^{\frac{n+1}{n}}\left(\frac{n}{3n+1}\right)^2 R^{\frac{3n+1}{n}} \qquad (4\text{-}173)$$

将上两式相除，得

$$\frac{T-T_w}{T_0-T_w} = 1-\left(\frac{r}{R}\right)^{\frac{3n+1}{n}} \qquad (4\text{-}174)$$

上式就是温度无量纲 $\dfrac{T-T_w}{T_0-T_w}$ 与表示位置的无量纲 $\dfrac{r}{R}$ 之间的关系。

第5章　流变的测量及应用

在聚合物从原料树脂到制品的加工过程中，温度、压力、黏性、弹性、分子量及其分布、内部形态结构等因素直接影响加工过程。因此，需要对相关的流变学问题进行研究。即经过大量的流变测量来获取流变数据，经过分析规律，掌握变化规律，进而指导实际加工过程。

整体上，流变测量的目的可以简单归纳为三个方面：①物料的流变学表征，这是最基本的流变测量任务。通过测量掌握物料的流变性质与体系的组分、结构以及测试条件间的关系，为材料设计、配方设计、工艺设计提供基础数据，控制和达到期望的加工流动性和主要的物理力学性能。②工程的流变学研究和设计，借助于流变测量研究聚合物反应工程、聚合物加工工程及加工设备与模具设计制造中的流场及温度场分布，确定工艺参数，研究极限流动条件及其与工艺过程的关系，实现工程最优化，完成设备与模具 CAD 设计并为其提供可靠的定量依据。③检验和指导流变本构方程理论的发展，这是流变测量的最高级任务。这种测量必须是科学的，经得起验证的。通过科学的流变测量，获得材料真实的黏弹性变化规律及与材料结构参数间的内在联系，由此检验本构方程的优劣，指导本构方程理论的发展。

根据流变测量的目的，其任务主要是：①在理论上，要建立起各种边界条件下可测量的量（如压力、扭矩、转速、频率、线速度、流量、温度等）与描写材料流变性质但不能直接测量的物理量（如应力、应变、应变速率、黏度、模量、法向应力差系数等）之间的恰当联系，分析各种流变测量实验的科学意义，估计其引入的误差。②在实验技术上，要能完成很宽的黏弹性变化范围内（往往跨越几个乃至十几个数量级的变化范围），针对从稀溶液到熔体等不同状态聚合物体系的黏性测量，并使测得的量尽可能准确地反映体系真实的流变特性和工程的实际条件。要完成上述任务，精确方便的流变学测量非常重要。随着技术的发展，一大批构造精密、测量准确的流变仪得到应用与推广，同时有许多与之配合的多功能、多模块流变计算软件问世，这些成果极大地推动了流变学的发展。以下对几种常用的流变仪进行简单介绍。

5.1 毛细管流变仪

毛细管流变仪是目前发展最成熟、应用最广的流变测量仪之一，其主要优点是操作简单、测量准确、测量范围广（剪切速率 $\dot{\gamma}$ 范围为 $10^{-2}\sim10^5$ s^{-1}）。主要应用包括：测定热塑性聚合物熔体在毛细管中的剪切应力和剪切速率的关系；根据挤出物的直径和外观，在恒定应力下通过改变毛细管长径比来研究熔体的弹性和熔体破裂等不稳定流动现象；预测高聚物的加工行为，优化复合体系配方、最佳成型工艺条件和控制产品质量；为高聚物的加工机械和成型模具的辅助设计提供基本数据；高聚物分子结构表征和研究的辅助手段。

毛细管流变仪的工作原理：物料在电加热的料桶里被加热熔融，料桶的下部安装有一定规格的毛细管口模（有不同直径 0.25～2mm 和不同长度 0.25～40mm），温度稳定后，料桶上部的柱塞在驱动马达的带动下以一定的速度或以一定规律变化的速度把物料从毛细管口模中挤出来。在挤出的过程中，可以测量出毛细管口模进口处的压力，再结合已知的速度参数、口模及料桶参数以及流变学模型，从而计算出在不同剪切速率下熔体的剪切黏度。

通常，毛细管流变仪可分为恒压型和恒速型两类。两者的区别在于：恒压型的柱塞前进压力恒定，物料的挤出速度待测量。恒速型的柱塞前进速率恒定，毛细管两端的压力差待测量。恒速型的物料流动速率可由柱塞的前进速率得到，其压力可由柱塞上的负荷单元或料筒壁上的压力传感器测得。在测量物料黏度时一般采用恒速型毛细管流变仪。而在塑料工业中经常使用的熔融指数仪为恒压型毛细管流变仪的一种。通过柱塞上预置一定重量（压力），测量在规定温度下、规定时间内流过毛细管的流量，以此来比较物料分子量的大小，判断其适用于哪种加工工艺。通常流量大、物料熔融指数高，说明其分子量小，此类物料适用于注射成型工艺。流量小，熔体熔融指数低，说明其分子量大，则此类物料多适用于挤出或吹塑成型工艺。在本书中重点讨论恒速型（压力型）毛细管流变仪。

5.1.1 基本构造

毛细管流变仪基本构造如图 5.1 所示。其核心部分为一套精细的、具有不同长径比（通常 $L/D=10/1$，$20/1$，$30/1$，$40/1$ 等）的毛细管；料筒周围为恒温加热套，内有电热丝；料筒内物料的上部为液压驱动的柱塞。物料经加热变为熔体后，在柱塞高压作用下，从毛细管挤出，由此测量物料的黏弹性。物料从直径宽大的料筒，经挤压通过有一定入口角的入口区进入毛细管，然后从出口挤出，其流动状态发生巨大的变化。入口附近有明显的流线收敛行为，它将影响刚进入毛细管区的物料流动，使物料流入毛细管一段距离后，才能发展成稳定的流线平行的层流。在出口附近，因为管壁约束突然消失，弹性液体表现出挤出胀大，流线又随之发生变化。因此物料在整根毛细管中的流动可分为三个分区：入口区、完全发展流动区、出口区（如图 5.2 所示）。流变测量过程中，由于以上三个区域的存在，部分压力分别在入口和出口处损失掉，因此得到的数据并非完全发展阶段的真实应力和剪切速率，计算出的黏度也不准确，必须对所得数据进行入口和出口校正。常用的校正方法有：传统 Bagley 校正，Cogswell 方法，Rabinowitsch 校正，Hagenbach 校正等。

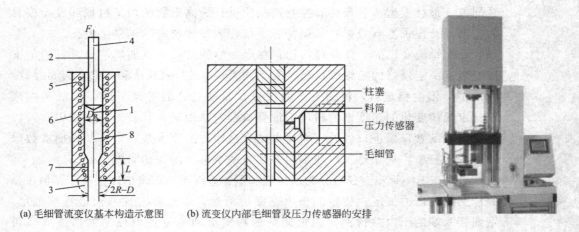

(a) 毛细管流变仪基本构造示意图　　(b) 流变仪内部毛细管及压力传感器的安排

图 5.1　毛细管流变仪基本构造

1—试样；2—柱塞；3—挤出物；4—载荷；5—加热线圈；6—保温套；7—毛细管；

8—料筒；L—毛细管长；D—毛细管直径

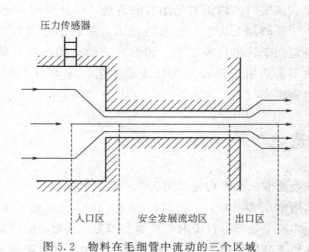

图 5.2　物料在毛细管中流动的三个区域

完全发展流动区是毛细管中最重要的区域，物料的黏度在此测定。该区域中，物料做流线平行的测黏流动，即流场中每一质点均承受剪切速率的简单剪切形变（加上平移和转动），只有测黏流动才能测出客观的、有实际价值的黏性性质。在完全发展流动区，设毛细管半径为 R，完全发展区长度为 L'，物料在柱塞压力下做等温稳定的轴向层流。为研究方便，选取柱坐标系 r、θ、z，如图 5.3 所示。可以看出，流速方向（1 方向）在 z 方向，速度梯度方向（2 方向）在 r 方向，θ 方向为中心方向（3 方向）。假设流体为不可压缩的黏弹性流体，根据上面的分析，流速只有 v_z 分量不等于零，速度梯度只有 $\dfrac{\partial v_z}{\partial r}$ 不等于零，偏应力张量可能存在的分量有 σ_{zr}、σ_{zz}、σ_{rr}、$\sigma_{\theta\theta}$。假设惯性力和重力忽略不计，可得：

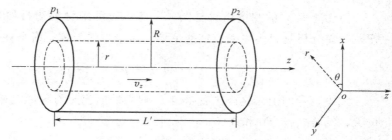

图 5.3　物料在完全发展区的流动

连续性方程为：
$$\nabla \cdot v = 0 \qquad 即 \frac{\partial v_z}{\partial z} = 0 \tag{5-1}$$

柱坐标中的运动方程为：

r 方向
$$\frac{\partial p}{\partial r} = \frac{1}{r}\frac{\partial}{\partial r}(r\sigma_{rr}) - \frac{\sigma_{\theta\theta}}{r} \tag{5-2}$$

θ 方向
$$\frac{1}{r}\frac{\partial p}{\partial \theta} = 0 \tag{5-3}$$

z 方向
$$\frac{\partial p}{\partial z} = \frac{1}{r}\frac{\partial}{\partial r}(r\sigma_{rz}) \tag{5-4}$$

边界条件为：
$$v_z \big|_{r=R} = 0 \tag{5-5}$$

边界条件表示"管壁无滑移"的假定成立，即认为流速不高时，最贴近管壁的一层流体是紧贴着管壁不流动的。另外，由于物料流速较高，通过毛细管的时间很短，与外界的热量交换可以忽略不计，因此能量方程暂时不考虑。

分析运动方程中，式(5-4) 含有剪切应力分量，主要描述材料黏性行为，式(5-2) 含有法向应力分量，主要描述材料的弹性行为。假设沿轴向（z 方向）的压力梯度 $\dfrac{\partial p}{\partial z}$ 恒定不变，由式(5-4) 直接积分得到毛细管内的剪切应力分布为：

$$\sigma_{rz} = \frac{\partial p}{\partial z} \cdot \frac{r}{2} \tag{5-6}$$

由此求出处于管轴心、管壁处的剪切应力分别为:

$$\sigma_{rz}\mid_{r=0} = 0 \tag{5-7}$$

$$\sigma_{rz}\mid_{r=R} = \frac{\partial p}{\partial z} \cdot \frac{R}{2} - \sigma_{\mathrm{w}} \tag{5-8}$$

由此可见,物料在毛细管内流动时,同一横截面内各点的剪切应力分布不均匀。轴心处为零,而管壁处有最大值,并记为 σ_{w}。而且只要毛细管内的压力梯度确定,管内部任一点的剪切应力也随之确定。这样,一个剪切应力的问题被归结为测压力梯度的问题,而后者是较容易测定的,只要测出毛细管两端的压力差除以毛细管长度即可。并且上述计算剪切应力公式,对任何一种流体,无论是牛顿流体还是非牛顿流体均成立,计算过程并不涉及流体的类型。

剪切速率 $\dot{\gamma}$ 的测量相对复杂,它与流过毛细管的物料种类有关。为讨论方便,首先分析物料为牛顿流体的情形。对于牛顿流体,有下述本构方程成立:

$$\sigma_{rz} = \eta_0 \dot{\gamma} = \eta_0 \left(-\frac{\partial v_z}{\partial r} \right) \tag{5-9}$$

式中负号的引入是因为管壁($r = R$)处的流速为零,流速 v_z 随 r 的减小而增大,结合式(5-9)和式(5-6)得到:

$$\frac{\partial v_z}{\partial r} = -\frac{1}{\eta_0}\sigma_{rz} = -\frac{1}{\eta_0}\frac{\partial p}{\partial z} \cdot \frac{r}{2} \tag{5-10}$$

对式(5-10)积分,得到毛细管内物料沿径向的速度分布:

$$v_z(r) = \frac{1}{4\eta_0}\frac{\partial p}{\partial z}(R^2 - r^2) \tag{5-11}$$

这是一个抛物面状的速度分布图。物料在管壁轴心处流速最大,管壁处为零,根据速度分布,可以进一步求得物料流经毛细管的体积流量:

$$Q = \int_0^R v_z \cdot 2\pi r\,\mathrm{d}r - \int_0^R \frac{\pi}{2\eta_0}\frac{\partial p}{\partial z}r(R^2 - r^2)\,\mathrm{d}r = \frac{\pi R^4}{8\eta_0}\frac{\partial p}{\partial z} \tag{5-12}$$

对照式(5-8)和式(5-12),则可由体积流量 Q 求出毛细管管壁处牛顿流体所承受的剪切速率 $\dot{\gamma}_{\mathrm{w}}$:

$$\dot{\gamma}_{\mathrm{w}} = \frac{\sigma_{\mathrm{w}}}{\eta_0} = \frac{4Q}{\pi R^3} = \frac{8}{D}\bar{v}_z \tag{5-13}$$

式中,D 为毛细管直径;$\bar{v}_z$ 为物料流经毛细管的平均流速。式(5-13)的流变学意义是,只要测量到体积流量 Q 或平均流速,则可直接求出牛顿流体在毛细管管壁处的剪切速率。这一剪切速率,与式(5-8)求得的管壁处的剪切应力相对应。

对于非牛顿流体,剪切速率的计算较复杂。重新考虑体积流量积分式(5-12),但是流体的具体类型未知。

聚合物流变学基础

$$Q = \int_0^R v_z \cdot 2\pi r \, \mathrm{d}r = v_z \pi r^2 \Big|_0^R - \int_0^R \pi r^2 \frac{\mathrm{d}v_z}{\mathrm{d}r} \mathrm{d}r \tag{5-14}$$

$$= -\pi \int_0^R r^2 \frac{\mathrm{d}v_z}{\mathrm{d}r} \mathrm{d}r$$

做变量替换，令
$$r = R\frac{\sigma_{rz}}{\sigma_{\mathrm{w}}}; \quad \mathrm{d}r = \frac{R}{\sigma_{\mathrm{w}}} \mathrm{d}\sigma_{rz} \tag{5-15}$$

又因为 $\dfrac{\mathrm{d}v_z}{\mathrm{d}r} = -\dot\gamma$，代入式 (5-14) 得到：

$$\frac{\sigma_{\mathrm{w}}^3 Q}{\pi R^3} = \int_0^{\sigma_{rx}} \dot\gamma \sigma_{rz}^2 \, \mathrm{d}\sigma_{rz} \tag{5-16}$$

公式两边对 σ_{w} 求微商，并利用定积分的微商式，得到：

$$\frac{3\sigma_{\mathrm{w}}^2 Q}{\pi R^3} + \frac{\sigma_{\mathrm{w}}^3 Q}{\pi R^3} \frac{\mathrm{d}Q}{\mathrm{d}\sigma_{\mathrm{w}}} = \dot\gamma \sigma_{\mathrm{w}}^2$$

进一步，整理得到：

$$\dot\gamma_{\mathrm{w}} = \frac{1}{\pi R^3}\left(\sigma_{\mathrm{w}} \frac{\mathrm{d}Q}{\mathrm{d}\sigma_{\mathrm{w}}} + 3Q\right) \tag{5-17}$$

将 Q 用式 (5-13) 替换，并将式中牛顿流体管壁处的剪切速率 $\dot\gamma_{\mathrm{w}}$ 记为 $\dot\gamma_{\mathrm{a}}$，称为表观剪切速率，则式 (5-17) 变为：

$$\dot\gamma_{\mathrm{w}} = \frac{\dot\gamma_{\mathrm{a}}}{4}\left(\frac{\sigma_{\mathrm{w}}}{\dot\gamma_{\mathrm{a}}} \frac{\mathrm{d}\dot\gamma_{\mathrm{a}}}{\mathrm{d}\sigma_{\mathrm{w}}} + 3\right) = \frac{\dot\gamma_{\mathrm{a}}}{4}\left(\frac{\mathrm{d}\ln\dot\gamma_{\mathrm{a}}}{\mathrm{d}\ln\sigma_{\mathrm{w}}} + 3\right) \tag{5-18}$$

此式称为 Rabinowich-Mooney 公式，用于计算非牛顿流体流经毛细管时，在毛细管管壁处物料承受的真实剪切速率。

综上所述，采用毛细管流变仪测量物料黏度的步骤如下：通过测量完全发展区上的压力降计算管壁处物料所受的剪切应力 σ_{w}，通过测量体积流量或平均流速计算管壁处的剪切速率 $\dot\gamma_{\mathrm{w}}$，由此计算物料的黏度 $\eta_{\mathrm{a}} = \dfrac{\sigma_{\mathrm{w}}}{\dot\gamma_{\mathrm{w}}}$。

5.1.2 基本应用

(1) 研究聚合物的剪切黏度和拉伸黏度

毛细管流变仪最广泛的应用是测定聚合物熔体的剪切黏度（η 和 η_0）及其与剪切速率（$\dot\gamma$）之间的关系。同时也可以用来测定聚合物熔体的拉伸黏度。通过测定零剪切黏度（η_0）随各种聚合物本征结构参数（如分子量、分子量分布、支化程度）与流场参数（如剪切速率、温度、压力）的变化值，即可建立它们之间的定量关系式，得到理论模型的各项常数。通过测定复杂体系如填充、共混体系剪切黏度（η）与浓度和流场参数之间的关系，亦可建立半定量的流变模型，从而指导该类复杂体系的加工成型。

（2）对流动曲线进行时温叠加

聚合物的黏度对温度和剪切速率均有依赖性，因此可以利用时温等效原理将不同温度下的流动曲线叠加成一条流动总曲线，使人们可以通过少量的实验数据获得宽温度范围和剪切速率范围内的流动信息，有利于材料的表征。此外还可以通过末端校正来计算熔体弹性。研究材料内部的应力松弛行为，帮助解决材料加工后的残余应力导致的表面裂纹问题。研究材料的热稳定性，用于指导材料加工的时间参数。

5.2 旋转流变仪

旋转流变仪依靠旋转运动来产生简单剪切，可以快速确定材料的黏性、弹性等各方面的流变性能。测量时样品一般是在一对相对运动的夹具中进行简单剪切流动。旋转流变仪的特点为：①转矩范围宽，可测量的剪切速率范围为 $10^{-6} \sim 10^{3} \ \mathrm{s}^{-1}$；②由微处理器控制的集成电子元件，避免使用外部控制电缆，从而减少工作台空间并且最大程度提高灵敏度；③自动间隙归零和调节，可重复进行精确间隙设置；④多种温度控制器选项，允许测量各种不同的样品，包括食品、涂料、医药品、添加剂和沥青；⑤包括蠕变和振荡模式，作为测量黏弹性材料的标准；⑥灵活易用的软件，允许对复杂测试程序和自动化分析进行快速编程。

旋转流变仪通常分为两种，应变控制型和应力控制型。应变控制型最早是由 Couette 在 1888 年提出的，驱动一个夹具，测量产生的力矩。应力控制型是由 Searle 于 1912 年提出的，控制施加的应力，测量产生的应变。对于应变控制型流变仪，一般有两种施加应变下测量相应应力的方法：一种是驱动一个夹具，并在同一夹具上测量应力；而另一种是驱动一个夹具，在另一夹具上测量应力。对于应力控制型流变仪，一般是将力矩施加于一个夹具，并测量同一夹具的旋转速度。目前控制应力型旋转流变仪使用最多，流变仪采用马达带动夹具给样品施加应力，同时用光学解码器丈量产生的应变或转速。如 Physica MCR 系列、TA 的 AR 系列、Haake 以及 Malven 流变仪。目前只有 ARES 属于单纯的控制应变型流变仪，这种流变仪直流马达安装在底部，通过夹具给样品施加应变，样品上部通过夹具连接到扭矩传感器上，测量产生的应力。这种流变仪只能做单纯的控制应变实验，原因是扭矩传感器在测量扭矩时产生形变，需要一个再平衡的时间，因此反应时间就比较慢，这样就无法通过回馈循环来控制应力。

5.2.1 基本构造

旋转流变仪的核心部件是夹具，目前用于黏度和流变性能测量的夹具的几何结构有锥板型、平行板型和同轴圆筒型等。

（1）锥板型

锥板型夹具在黏弹性流体流变学测量中使用最多，其几何形状如图 5.4 所示。通常只需要很少量的样品置于半径为 R 的平板和锥板之间就可以进行测量。

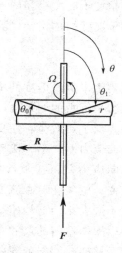

图 5.4 锥板型夹具结构几何形状和球面坐标系

一般来说，锥板顶角（θ_0）一般很小（通常 $\theta_0 < 3°$）。在外边界，样品应该有球形的自由表面，即自然鼓出。对于黏性流体，锥板也可以置于平板下方，锥板及平板都可以旋转。在 θ_0 很小的情况下，在板间隙内速度沿 θ 方向的分布是线性的，可以表示为：

$$\frac{V_\phi}{r} = \Omega \left(\frac{\frac{\pi}{2} - \theta}{\theta_0} \right) \tag{5-19}$$

式中，Ω 是施加在锥板（或平板）上的旋转角速度；应变速率方向的 θ_ϕ 分量的剪切速率为：

$$\dot{\gamma} = \dot{\gamma}_{\theta\phi} = \frac{\sin\theta}{r} \left[\frac{\partial}{\partial\theta} \left(\frac{V_\phi}{\sin\theta} \right) \right] \approx -\frac{\Omega}{\theta_0} \tag{5-20}$$

因此，在 θ_0 很小的情况下，剪切速率为常数，并且相应的流动为简单剪切流动。这个结果虽然是从牛顿流体得出的，但通常假设对于黏弹性流体也成立，因此绝大多数旋转流变仪的锥板夹具的顶角都小于 3°。

锥板型结构是一种理想的流变测量结构。其主要优点为：①剪切速率恒定，在确定流变学性质时不需要对流体力学做任何假设；②测试时仅需要很少量的样品，这在样品稀少的情况下显得尤为重要；③可以极好地控制传热和温度；④末端效应可以忽略，特别是在使用少量样品，并且在低速旋转的情况下。但是它也存在一定的缺点，具体表现如下。①体系只能局限在很小剪切速率范围内。因为在高的旋转速度下，惯性力会将测试的样品甩出夹具。②对于含有挥发性溶剂的溶液，溶剂挥发和自由边界会给测量带来较大影响。为了减小这些影响的作用，可以在外边界涂覆非挥发性的惰性物质，如硅油或甘油，但是要特别注意所涂覆物质不能在边界上产生明显的应力。③对于多相体系如固体悬浮液和聚合物共混物，如果其中分散相粒子的大小和两板间距相差不大，会引起很大的误差。④锥板型结构往往不用于温度扫描实验，除非仪器配备有自动的热膨胀补偿系统。

（2）平行板型

平行板结构主要用来测量熔体的流变性能。虽然平行板结构中流场不均匀，但它有很多优点：①平行板的间距可以调节到很小，抑制二次流动、减少了惯性校正、较好的传热降低了热效应，使得它可以用在较高的剪切速率下；②平行板上轴向力与第一法向应力差、第二法向应力差成正比，因此可以结合锥板结构来测量流体的第二法向应力差；③平行板结构可以配备光学设备附件和施加电磁场，从而进行光流变、电流变、磁流变学等功能型研究；④平行板中剪切速率沿径向分布，可以使不同大小的剪切速率作用在同一个样品中表现出来；⑤对于填充体系，板间距可以根据填料的尺寸大小进行调整，适宜研究聚合物共混物和填充聚合物体系的流变性能；⑥平的表面比锥面更容易进行精度检查，也易清洗处理；⑦通过改变间距和半径，可以系统研究表面和末端效应。

平板结构的构造如图 5.5 所示。它由两个半径为 R 可旋转的同心圆盘组成，间距为 h，其中 r 为流体在圆盘上铺展的半径，$0 < r \leqslant R$。扭矩和法向应力可以在任何一个圆盘上测量，边缘表示了与空气接触的自由边界，在自由边界上的界面压力和应力对扭矩和轴向应力测量的影响一般可以忽略。这种结构对于高温测量和多相体系的测量非常适宜。一方面，高温测量时热膨胀效应被最小化；另一方面，平行板间距易调节；对于直径为 25mm 的圆盘，经常使用 1mm 或 2mm 的间距；特殊情况下，也可使用更大的间距。平行板结构的主要缺陷是两板间的流动是不均匀的，也就是剪切速率沿径向方向线性变化；另外高剪切速率条件下，测试的样品会被甩出间隙。不过，当间距很小（$h/R \ll 1$）时，或者在低旋转速度下，惯性可以被忽略，稳态条件下的速度分布为：

$$V_\theta = \Omega r \left(1 - \frac{z}{h}\right) \tag{5-21}$$

剪切速率可以表示为：

$$\dot{\gamma} = \dot{\gamma}_{z\theta} = \Omega \frac{r}{h} \tag{5-22}$$

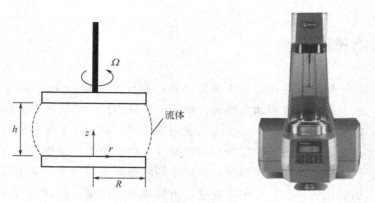

图 5.5　平行板结构示意图

（3）同轴圆筒型

同轴圆筒可能是最早应用于测量黏度的旋转设备，图 5.6 为其结构原理图，两个同轴圆筒的半径分别为 R（外筒）和 KR（内筒），K 为内、外筒半径之比，筒长为 L。一般内筒静止，外筒以角速度 Ω 旋转。采用这种方式的原因是如果内筒旋转而外筒静止，则在较低的旋转速度下，就会出现 Taylor 涡流，这对实际测量的准确性有很大的影响。选择外筒旋转的目的就是要保证在较大的旋转速度下筒间的流动也尽可能保持为层流。

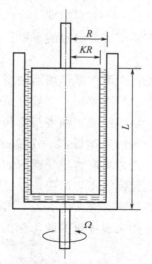

图 5.6　同轴圆筒的结构原理

一般同轴圆筒间的流场是不均匀的，即剪切速率随圆筒的径向方向变化。当内、外筒间距很小时，同轴圆筒间产生的流动可以近似为简单剪切流动。因此同轴圆筒是测量中、低黏度均匀流体黏度的最佳选择，但它不适用于聚合物熔体、糊剂和含有大颗粒的悬浮液。

5.2.2　测量模式

　　根据应变或应力施加的方式，旋转流变仪的测量模式一般可以分为稳态模式、瞬态模式和动态模式。稳态模式是用连续的旋转来施加应变或应力以得到恒定的剪切速率，在剪切流动达到稳态时，测量由于流体形变产生的扭矩。稳态模式包含有稳态速率扫描和触变循环。稳态速率扫描通常在应变控制型流变仪上进行。在这种测试过程中，施加不同的稳态剪切形变，每个形变的幅度取决于设定的剪切速率。实验中需要确定下列参数：温度、扫描模式（对数、线性或离散）、测量延迟时间（从施加当前的剪切速率到测量之间的时间间隔）。通过稳态速率扫描可以得到材料的黏度和法向应力差与剪切速率的关系。触变循环是指给材料施加线性增大再减小的稳态剪切速率。实验过程中要确定的参数为温度、最终剪切速率、达到最终剪切速率的时间。一般可以设置多个连续区间，第一个区间的初始剪切速率为零，其他区间的初始剪切速率为上一区间的最终剪切速率。这种测量可以反映材料在不断变化的剪切速率条件下的黏度变化，由此反映材料结构随剪切速率的变化规律。

　　瞬态模式是指通过施加瞬时改变的应变（速率）或应力，来测量流体的响应随时间的变化。瞬态模式包含有阶跃应变速率扫描、应力松弛和蠕变实验。应力松弛是施加并维持一个瞬态形变（阶跃应变），测量维持这个应变所需的应力随时间的变化。实验中需要确定的参数有应变、温度、取样模式（对数或线性）和数据点数目。

　　动态模式是指对流体施加周期振荡的应变或应力，测量流体响应的应力或应变。这种测量模式可以控制的变量有振荡频率、振荡幅度、测试温度和测试时间等。应变扫描、频率扫描、温度扫描和时间扫描是基本的测量模式。动态应变扫描是给样品以恒定的频率施加一个范围的正弦应变和应力，测量材料的储能模量、损耗模量和复数黏度与应变或应力的关系。动态时间扫描是在恒定温度下，给样品施加恒定频率的正弦形变，并在预设的时间范围内进行连续测量。实验中要确定的参数有频率、应变或应力、实验温度、测量间隔时间、测量总时间。这一测试模式可以用来表征材料的化学、热以及力学稳定性。

5.2.3　基本应用

　　旋转流变仪用途非常广泛，可用于测量聚合物、石油化工产品、涂料和染料、油墨、黏合剂、药品和化妆品、食品、陶瓷及其浆料的流变性，集各种应用于一体，为聚合物工业提供新的可能性和方法，为开发创新结构和功能性材料提供必要的数据。应用范围包括热塑性聚合物、热固性聚合物、弹性体、黏合剂、涂料等材料的黏弹特性和流变性能。

同时，旋转流变仪在聚合物的结构表征（分子量和分子量分布、长支链结构、织态结构等），动、静态黏弹性测试，物理化学变化过程等方面有着广泛的应用，是研究聚合物性能和结构的一个很好的工具。

5.3 转矩流变仪

转矩流变仪通过记录物料在混合过程中对转子或螺杆产生的反扭转随温度和时间的变化，可以研究物料在加工过程中的分散性能、流动行为及结构变化。可以作为生产质量控制的有效手段，用于与实际生产接近的研究领域。转矩流变仪的特点：①功能强。除了基本的挤出机、混炼器外，还配有自动称重单元、测径单元、带状试样压光及牵引单元、膜质量测试单元，可完成多种测试工作。②软件丰富。转矩流变仪是以计算机为核心的自动化测试仪器。数据采集、控制以及实验数据的处理均由相应的软件完成，更快捷高效。并且在软件的支持下，可完成传统转矩流变仪不能完成的功能。例如，线性升速测量材料的剪切敏感特性等测试。③性价比高。其设计思想是在尽量不增加硬件设备的基础上，通过软件开发，实现功能扩展和性能提高。④扩展能力强。

转矩流变仪的工作原理为：不同参数的螺杆在具有一定温度的圆筒内旋转，筒的另一端设有送料斗。当原料被送至筒的 2/3 处时逐步增塑，在筒的剩余部分被均化。当所有颗粒全部熔化后，利用毛细管挤出模具成为母料或注入模具成型。同时也完成对材料的表现黏度与剪切速度及剪切应力关系的测量。转矩流变仪工作时，物料被加到混合器中，受到转速相同、转向相反的两个转子所施加的力，使物料在转子与室壁间进行混炼剪切，物料对转子施加反作用力。这个力由力传感器测量后转换成转矩值，转矩值的大小反映了物料黏度的大小。通过热电偶对转子的温度控制，可以得到不同温度下物料的黏度。

5.3.1 基本构造

转矩流变仪的基本结构如图 5.7 所示，可分为三部分：①微机控制系统，用于实验参数的设置及实验结果的显示。②机电驱动系统，用于控制实验温度转子速度、压力，并可记录温度、压力和转矩随时间的变化。③可更换的实验部件，一般根据需要配备密闭式混合器或螺杆挤出器。密闭式混合器相当于一个小型的密炼机，其结构图如虚框所示，其内部结构如图 5.7 俯视图所示。

转子是转矩流变仪中对物料进行混合、混炼的核心部件。在体系中两个转子相向旋转，使物料被强制混合，两个转子间存在速比，其间隙发生分散性混合。

通常有轧辊转子、凸轮转子、班布利转子和西格玛转子四种不同类型的转子，它们分别适用于不同的材料和剪切范围。轧辊转子主要适用于热塑性塑料、热固性塑料的混合，可测试材料的黏性、交联反应和剪切/热应力。凸轮转子适于在中等剪切范围内对热塑性塑料橡胶进行混合和测试。班布利转子适于天然橡胶、合成橡胶及混炼胶的混合与测试。西格玛转子适于在低剪切范围内对粉料进行混合，可测试其混入性能。

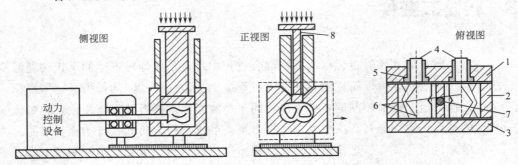

图 5.7 转矩流变仪基本构造示意图

1—密炼室后座；2—密炼室中部；3—密炼室前板；4—转子传动轴承；5—轴瓦；
6—转子；7—熔体热电偶；8—上顶栓

5.3.2 基本应用

随着人们对转矩流变仪应用研究的深入和功能的拓展，它已成为聚合物加工及实验流变学中必不可少的重要工具，可广泛用于原材料、生产工艺的研究、开发与产品质量控制等领域。譬如用来研究聚合物本体材料的结构、模拟聚合物的实际加工过程、研究聚合物的交联过程等。

（1）加工时间的确定

通过转矩流变曲线可以知道聚合物完全溶解的时间和分解的时间，从而可以确定聚合物的合适加工时间。

（2）加工温度的确定

通过分析不同加工温度的转矩流变曲线，可以选择聚合物合理的加工温度。

（3）加工转速的选择

改变转子的转速，即改变了剪切作用力，从而对聚合物性能产生影响，通过研究转速对聚合物流变曲线的影响，可以选出较为适合的加工转速。

（4）加料顺序对混炼过程能量消耗的影响

利用转矩流变仪可研究不同加料顺序对混炼过程能量消耗的影响，为降低能耗、优化加工工艺提供依据。

（5）混炼胶的质量控制

在橡胶加工过程中，混炼胶的质量控制是重要的环节。由于混炼过程中胶料的流动行为极为复杂，影响混炼质量的因素众多，为保证不同批次物料的混炼程序相同，通常采用比机械能或混炼过程消耗总能量来控制混炼效果。因此采用转矩流变仪可以非常容易获得体系的能量变化，进而指导生产。

除此之外，还可研究物料在加工过程中的分散性能、流动行为及结构变化（交联、热稳定性等），同时也可作为生产质量控制的有效手段。由于转矩流变仪与实际生产设备（密炼机、挤出机等）结构类似，且物料用量少，所以可在实验室中模拟混炼、挤出等。

5.4　拉伸流变仪

聚合物的纺丝、吹膜、吹塑成型、热成型、发泡等加工过程中，拉伸黏度的测量尤为重要，因为这些过程中拉伸流动占主导地位。并且，工业过程也证明剪切黏度相同的聚合物因为具有不同的拉伸黏度，从而具有不同的加工行为。另外，拉伸黏度对聚合物结构改变的敏感程度远胜于剪切黏度。拉伸过程中试样界面容易变形，拉伸力必须通过固体表面传递给熔体，试样的固定难度较大。测试过程中样品不断拉长，这就要求实验装置尺寸较大；并且拉伸过程中，试样横截面的不均匀性容易引起样品断裂。所以，目前拉伸黏度的测量技术发展缓慢。

5.4.1　基本原理

拉伸流变仪是基于薄片或单丝拉伸的直接测定方法，即主要分析单轴拉伸和等幅双轴拉伸过程中的材料函数。目前市面的拉伸流变仪包含瞬态拉伸流变仪与稳态拉伸黏度流变仪。拉伸流变仪的操作过程：将少量样品（＜1mL）置于两个圆平板之间。上板以用户设定的应变速率迅速与下板分开，因此形成一种不稳定的流体细丝。拉伸停止后，细丝中点的流体承受由流体拉伸性能决定的拉伸应变速率。激光测微尺监测逐渐变细的流体细丝中点直径随时间的变化。在拉伸流变仪的测量过程中，表面张力、黏度、质量转换和弹性的对抗影响可以由软件中相应模型定量化。自动实验分析和模型比较提供迅速定义下列参数：黏度、表面张力、弹性、松弛时间和细丝断裂时间。

单轴拉伸的应变、应变速率和黏度分别为：

$$\xi = \ln \frac{L}{L_0}, \quad \dot{\xi}_e = \frac{d\left(\ln \frac{L}{L_0}\right)}{dt}, \quad \eta_e = \frac{\tau_{11} - \tau_{22}}{\dot{\xi}_e} \tag{5-23}$$

等幅双轴拉伸的应变、应变速率和黏度分别为:

$$\xi_b = \begin{cases} \dfrac{v_x}{x} \\ \dfrac{v_y}{y} \\ -\dfrac{v_z}{z} \end{cases}, \quad \dot{\xi}_b = \dot{\xi}_{11} - \dot{\xi}_{33} = \frac{\partial v_x}{\partial x} - \frac{\partial v_z}{\partial z}, \quad \eta_b = \frac{\tau_{11} - \tau_{22}}{\dot{\xi}_b} \tag{5-24}$$

高聚物熔体的拉伸流变仪包括两种:一种是稳态流变仪,在拉伸实验中应变速率保持恒定;另一种是非稳态拉伸流变仪,实验过程中应变速率沿流动方向有变化。

5.4.2 基本应用

(1) 大分子链结构的分析

对于聚合物,其拉伸黏度 η_e 与分子量 M 的 7.0 次方成正比,表明拉伸黏度对分子量的改变比剪切黏度更加敏感。而分子量分布对拉伸黏度的影响被认为与大分子量组分的分子链作用有关,也就是大分子量的分子链所占的比重越大,拉伸黏度也越大。因此,可以通过对拉伸黏度的测量来分析聚合物的分子量以及分子量分布。

图 5.8 表示不同拉伸速率下 PS、LDPE、HDPE 三种聚合物瞬态拉伸黏度与时间的关系。三种聚合物都显示了应变硬化行为,但应变硬化行为具有明显的区别,其中 LDPE 的应变硬化最为显著。也就是大分子链上的支链越长、越多,聚合物的应变硬化行为越明显。因此,目前人们正在寻求通过拉伸黏度的测定来表征聚合物链结构的方法。

(2) 复合材料内部结构的影响

聚合物基复合材料中填充物的直径、长径比对其拉伸行为影响很大。表 5.1 为四组 LDPE 复合材料的组成与填料尺寸。

表 5.1　LDPE 复合材料的组成和填料尺寸

编号	填料			
	体积含量/%	填料种类	填料平均直径/μm	平均长径比
1	20	玻璃珠	30	1
2	20	玻璃片	15	1.5
3	20	滑石粉	1.7	1.6
4	20	玻璃纤维	13	23

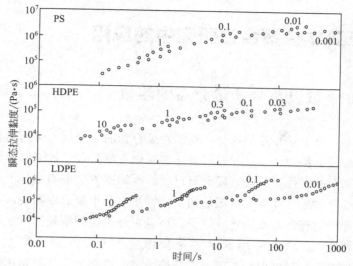

图 5.8　不同拉伸速率下 PS、LDPE、HDPE 瞬态拉伸黏度的变化曲线

LDPE 及其四组复合材料在不同拉伸速率下瞬态拉伸黏度的变化如图 5.9 所示。由数据可以看出复合材料的应变硬化特性随着填料直径的变小和长径比的增大而减弱，尤其当玻璃纤维的长径比等于 23 时，用它填充的 LDPE 复合材料甚至出现了应变软化的行为，如图 5.9No.4 所示。

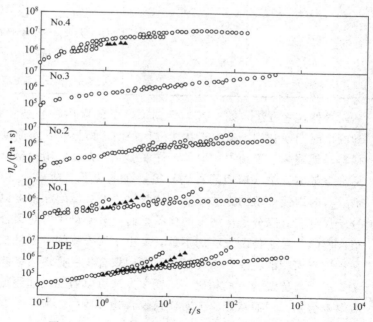

图 5.9　LDPE 及其复合材料的瞬态拉伸黏度的变化

5.5 流变学在聚合物研究中的应用

5.5.1 分子量以及分子量分布的测量

分子量和分子量分布在确定聚合物的物理性质时起到很重要的作用，因此获得聚合物的分子量和分子量分布对聚合物工业是必不可少的。由于分子量分布与许多黏弹性质有关，因此可以通过不同的方法来确定分子量分布。

如果已知某种可测量的物理性质对分子量的依赖性，原则上就可以通过测量这种物理性质来确定分子量。而且对分子量的依赖性越强，确定分子量的敏感度就越高。通常采用的确定聚合物分子量及其分布的方法有凝胶渗透色谱法（GPC）、光散射和本征黏度法等。表 5.2 列出了几种常用方法对分子量的依赖性及敏感度。

表 5.2 几种常用方法对分子量的依赖性及敏感度

方法	对分子量的依赖关系	对分子量的敏感度关系	其他
GPC	$M^{\frac{1}{2}}$	$M^{-\frac{1}{2}}$	排除体积对高分子量部分不敏感
本征黏度	$M^{0.6}$	$M^{-0.4}$	流体体积法，对高分子量部分不敏感
光散射	M^{1}	M^{0}	对高分子量部分敏感
渗透压	M^{-1}	M^{-2}	对低分子量聚合物的数均分子量较准
零剪切黏度	$M^{3.4}$	$M^{-2.4}$	适用于具有类似形状的体系
可恢复柔量	$(M_z/M_w)^{\sim 3.5}$	...	反映了分子量分布的分散性，对分子量绝对值不敏感

虽然这些方法（如 GPC）得到了广泛的应用，但是实验中样品的准备时间和测试时间使它们不适用于在线过程控制，而且要求所测试的聚合物能在室温下很容易地溶解于溶剂中。但是，许多工业上大量应用的聚合物，如聚乙烯、聚丙烯和含氟聚合物（聚四氟乙烯）等，在室温下可能只能部分地溶解于普通的溶剂。有时即使传统的方法可行，这些方法的灵敏度和精度也都不高，特别是对于分子量分布有高分子量尾部的样品，而高分子量尾部对聚合物加工性能的表征有很大影响。鉴于传统方法的不足，又由于聚合物的分子量及其分布与聚合物的黏弹性质有密切的关系，因此就有了利用聚合物黏弹性质来确定分子量分布的流变学方法。与传统的方法相比，流变学方法可以做到快速测量，而且不需要溶剂来溶解聚合物，因而从理论上对任何聚合物都适用。流变学方法的另一个优点是对高分子量尾部的灵敏度高。

5.5.2 长支链含量的测量

  聚合物中支链含量对聚合物物理性质的影响已有很多研究。短支链（SCB）主要影响结晶态的性质，一般可以通过红外光谱或核磁共振来确定其含量；长支链（LCB）对聚合物的流变性质有很大影响，但确定其含量却比较困难，因为需要假设分子量分布与支链排列的关系。因此可通过研究长支链的含量和分布对聚合物流变性能的影响，利用流变学方法来确定其含量。长支链对聚合物流变性能的影响与多分散性的影响类似，只是长支链的影响更大。利用流变学方法来确定长支链的含量，最理想的是能够找到一种方法来区分长支链与多分散性对聚合物流变性能的影响，以下简单介绍两种分析过程。

  长支链对聚合物流变性能的影响体现在以下几个方面：①对于相同分子量的线性聚乙烯，长支链结构有较低的牛顿黏度和较高的初始剪切变稀的剪切速率 $\dot{\gamma}$；②长支链导致了拟塑性行为的降低：线性聚乙烯比高度支化的聚乙烯有更明显的黏度随剪切速率的下降；③流动活化能随长支链的增加而增加，并取决于支链的长度、浓度和分布；④长支链导致了熔体弹性的增强，表现为第一法向应力差、稳态柔量和出口膨胀的增大。由此可以看出 LCB 对黏度和流动活化能都有很大的影响，采用黏度的变化或者流动活化能的变化都可以表示 LCB 的含量。但无论哪种表示，都不能完全排除 SCB 的影响。因此可以通过定义"LCB 指数"来定性表示 LCB 含量的多少：

$$I_{\mathrm{LCB}} = \frac{(E_{\mathrm{a}})_{\mathrm{LCB}} - (E_{\mathrm{a}})_1}{(E_{\mathrm{a}})_1} \tag{5-25}$$

  式中，$(E_{\mathrm{a}})_{\mathrm{LCB}}$ 是已知 SCB 含量的聚乙烯的流动活化能，$(E_{\mathrm{a}})_1$ 是相同 SCB 含量的线性聚乙烯的流动活化能，它可以通过以下的经验公式求出

$$(E_{\mathrm{a}})_1 = 5.7 + 6.4 \left[1 - \exp\left(-\frac{\mathrm{SCB}/1000\mathrm{CH}_2}{35.4} \right) \right] \tag{5-26}$$

  流动活化能可以通过测量不同温度下的流动曲线，然后利用 Arrhenius 公式来求出。运用流动活化能来确定 LCB 含量的过程中也存在一些问题，如由于具有 LCB 的聚合物表现出的热流变复杂性，流动活化能的确定取决于实验的温度范围和所采用的频率，而且有实验表明流动活化能不增加并不说明不存在 LCB，因此用流动活化能的方法来确定 LCB 含量仍受到一定的置疑。

  另一种方法是利用聚合物材料的黏度，这个黏度可以是稳态剪切黏度或是动态复数黏度。因为研究表明在 LCB 含量较低时，二者是等价的。对于严格的线性聚乙烯材料，其黏度可以用 Cross 模型来表示：

$$\eta = \frac{\eta_0}{1 + (\lambda \dot{\gamma})^2} \tag{5-27}$$

并且松弛时间与零剪切黏度有如下的关系：

$$\eta_0(\text{Pa} \cdot \text{s}) = 3.65 \times 10^5 \lambda(\text{s}) \tag{5-28}$$

如果线性聚乙烯中含有少量的长支链，此时仍然可以用 Cross 模型来描述其黏度，但是零剪切黏度与松弛时间的关系就发生了偏差。利用这种偏差可以定义 Dow 流变学指数，DRI：

$$DRI \equiv \frac{3.65 \times 10^6 \left(\dfrac{\lambda}{\eta_0}\right) - 1}{10} \tag{5-29}$$

对于线性聚乙烯，DRI 应该为零。含有长支链的聚乙烯的 DRI 为正，而且会随着 LCB 含量的增加而增大。应该注意的是 DRI 参数只能适用于多分散性指数（M_w/M_n）为 2 左右的聚合物，并且 DRI 不能应用于分子量分布不同样品的比较。DRI 实际上描述的是聚合物分子量分布的多分散性，它同时依赖于分子量分布和 LCB 含量，它无法区分多分散性与 LCB 的影响。

另外一种 LCB 指数定义为：

$$LCBI = \frac{\eta_0^{1/\alpha_3}}{[\eta]_\text{B}} \frac{1}{k_3^{1/\alpha_3}} - 1 \tag{5-30}$$

式中，η_0 为零剪切黏度；$[\eta]_\text{B}$ 为支化聚合物的本征黏度；k_3 和 α_3 满足：

$$\eta_0 = k_3 [\eta]_\text{L}^{\alpha_3} \tag{5-31}$$

$[\eta]_\text{L}$ 为线性聚合物的本征黏度。$LCBI$ 的确定只需要熔体的零剪切黏度和稀溶液的本征黏度，它与分子量和分子量分布无关。$LCBI$ 对于 metallocene 树脂和 Ziegler-Natta 催化的 PE 有较好的适用性，但对自由基聚合的 LDPE 不适用。

5.5.3 部分相容聚合物的相行为研究

对多组分聚合物体系的流变学研究主要集中在不相容的体系上，这种体系通常会表现出某个长的特征松弛时间。而对均相区域的研究就要少很多，特别是在相分离边界区域的研究就更少。但是，对相容聚合物体系的流变学研究可以帮助确定相分离行为（相图）以及外加剪切场对两相形态的影响（剪切相容或剪切导致相分离）。

(1) 相分离的流变学判定

通常认为，时温叠加原理（time-temperature superposition principle）只适合于单相均一的体系。也就是说，它只适用于部分相容聚合物体系的均相区，而发生相分离后就不再适用，很多实验结果都证实了这一点。如图 5.10 为某个 SMA/PMMA 50/50 体系的动态模量与频率的关系。此体系在该组成下的相分离温度为 250℃，从图 5.10 中可以看出，时温叠加原理在 250℃ 失效，这与相分离温度是一致的。

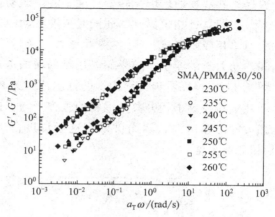

图 5.10　SMA/PMMA 50/50 体系特征曲线

　　但仅仅由此并不能说明可以从时温叠加原理的失效来确定相分离温度，因为时温叠加原理在共混物的单相区也不一定完全成立。因此，我们只能利用时温叠加原理失效与否来定性判断是否发生了相分离。如果时温叠加原理适用，那么可以认为体系仍然处于均相状态；反之，如果时温叠加原理在某个温度下失效，则可认为体系发生了相分离或体系仍然处于均相状态，但此温度非常接近相分离温度。

　　利用储能模量、损耗模量和频率的关系进行时温叠加只是一种用来判断时温叠加原理的方法。另外一种方法是在不同温度下，储能模量对损耗模量作图（也称之为韩氏图）。如果时温叠加原理成立，储能模量与损耗模量的曲线是与温度无关的。利用韩氏图也能够判断时温叠加原理成立与否，而且在某些体系中被认为比动态模量和频率的叠加更敏感。

（2）相分离温度（binodal temperature）

　　利用流变学方法来确定相分离温度，对于不同的体系所采用的方法可能也不相同。这是因为对部分相容的聚合物共混物而言，相分离过程对聚合物的性质非常敏感，两种聚合物组分动态性质的差异会引起相分离过程的巨大变化。这里所谓动态性质的差异包括两方面的含义：其一是指两种聚合物玻璃化转变温度的差异；其二是指两种聚合物动态黏弹性质的差异。通常称这种动态性质的差异为动态非对称性（dynamic asymmetry）。这里我们只讨论由玻璃化转变温度的差异引起的动态非对称性。以 PS/PVME 体系为例来说明在动态非对称性较显著的体系中确定相分离温度的方法。PS/PVME 是有低临界溶解温度（LCST）的二元聚合物共混物，二者玻璃化转变温度的差异为 125℃。图 5.11 给出了 PS/

PVME（40/60）的动态等变率温度扫描曲线，扫描频率为 0.1rad/s，加热速率为 0.1℃/s。在低温下共混物为均相，温度的上升导致了储能模量的降低，这是因为随着远离共混物的玻璃化转变温度，链段运动性的变化引起的。随着温度进一步升高，逐渐靠近相边界，与此同时浓度波动的热衰变率减慢，而浓度的扰动是离亚稳态单相极限温度（T_s）越近越大。换句话说，在相分离温度附近存在运动性和热动力学的竞争，结果储能模量的增加是由于后者的作用。

从图 5.11 中可以看出，动力学的控制范围为 95～115℃，超过这个温度范围，运动性重新控制了相分离共混物的黏弹行为。因此可以认为 95～115℃是与相分离相关的温度区间，因而可以将这段温度范围内的 $G'-T$ 曲线的拐点作为（流变）相分离温度。

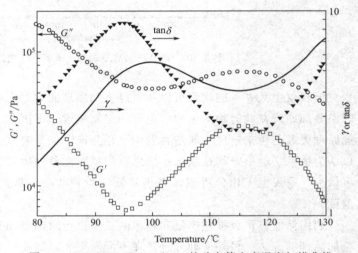

图 5.11 PS/PVME（40/60）的动态等变率温度扫描曲线

（3）亚稳态单相极限温度（spinodal temperature）

将平均场理论应用到均相聚合物体系的有序-无序转变，可以得到：

$$\frac{G'(\omega)}{\left[G''(\omega)\right]^2}=\frac{30\pi}{k_B T}\left[\frac{b_1^2}{36\phi}+\frac{b_2^2}{36(1-\phi)}\right]^{\frac{3}{2}}(\chi_s-\chi)^{-\frac{3}{2}} \tag{5-32}$$

式中，b_i（$i=1$，2）是统计链段长度；χ 表示相互作用参数；χ_s 是在亚稳态单相极限温度下的相互作用参数。假设相互作用参数与温度的关系满足

$$\chi=A+\frac{B}{T} \tag{5-33}$$

因此有 $\dfrac{\left[G''(\omega)\right]^{\frac{2}{3}}}{\left[G'(\omega)\right]}-\dfrac{1}{T}$ 曲线的线性关系，并且线性区曲线与横轴（$1/T$）的截距就对应亚稳态单相极限温度 T_s。图 5.12 显示了 PS/PVME（20/80）共混体系亚稳态单相极限温度的确定。从图 5.12 中可以看出线性区域的选择对 T_s 的

计算很重要，可能会引起± 2℃的偏差。

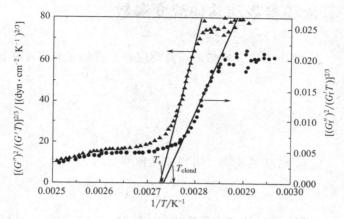

图 5.12　流变学方法确定亚稳态单相极限温度

5.5.4　采用 MFI 确定聚合物的加工方法与用途

　　MFI（熔融指数）是热塑性聚合物熔体流动性能的一个表征参数，在工业界得到广泛的应用。例如：生产商利用 MFI 的大小来划分产品的等级（牌号），确定适用的加工方法与用途（见表 5.3、表 5.4）。需要指出的是，两表中 MFI 的测试条件并不相同。对于不同的聚合物材料，即使它们具有相同的 MFI，也不意味着它们具有相同的用途。

表 5.3　利用 MFI 确定不同等级 HDPE 的用途

MFI(190℃,5kg 负荷)	加工方法	典型用途
0.05～0.15	压膜,挤出	样模,预制板
0.1～1.3	挤出	棺材,圆杆
0.1～0.4	吹塑薄膜挤出	薄膜
0.4～0.7	挤出吹塑	储油罐
1.3～3	挤出吹塑,注射	中空制品(如瓶子)
3～13	挤出吹塑,注射	玩具,日用制品
13～25	注射	螺丝帽,啤酒箱
25	注射	日用制品

表 5.4　利用 MFI 确定不同等级 HDPE 的用途

MFI(190℃,5kg 负荷)	用途	MFI(190℃,5kg 负荷)	用途
2	压膜,管材	5～20	通用注射模塑
1～5	挤出吹塑	30	高速注射
5～15	双轴拉伸薄膜	30～40	平面薄膜
5～15	薄膜胶带	40～80	人造羊毛
5～15	单丝	60	纺黏纤维

5.5.5　计算流场参数和其他流变参数

由 MFI 的定义可知，其剪切应力、剪切速率的计算公式为：

$$\sigma = \frac{R_N F}{2\pi R_P^2 l_N} \tag{5-34}$$

$$\dot{\gamma} = \frac{4Q}{\pi R_N^3} \tag{5-35}$$

根据 MFI 的定义，可得流动速率（cm^3/s）：

$$Q = \frac{MFI}{6000\rho} \tag{5-36}$$

例如，若熔体速率仪柱塞头半径 $R_P = 0.4737cm$，口模半径 $R_N = 0.105cm$，口模长度 $l_N = 0.8cm$（ASTM D1238）或 2.326cm（ASTM D2264），力 F ＝负荷 L（kg）×9.807（N），其中 ρ 为密度（g/cm^3）。结合前面给出的熔融指数仪的几何参数，上式可简化为：

$$\sigma = \begin{cases} 9.13 \times 10^3 L, \text{适用于除 PVC 外的所有聚合物} \\ 3.1 \times 10^3 L, \text{适用于 PVC} \end{cases} \tag{5-37}$$

$$\dot{\gamma} = 1.83 \frac{MFI}{\rho} \tag{5-38}$$

聚合物流变学基础

参 考 文 献

［1］ 史铁钧，吴德峰.高分子流变学基础［M］.北京：化学工业出版社，2009.

［2］ 金日光.高聚物流变学及其在加工中的应用［M］.北京：化学工业出版社，1986.

［3］ 吴其晔，巫静安.高分子材料流变学［M］.北京：高等教育出版社，2002.

［4］ 施拉姆，朱怀江.实用流变测量学［M］.北京：石油工业出版社，2009.

［5］ 宋厚春.高聚物流变学的原理，发展及应用［J］.合成技术及应用，2004，19（4）：28-32.

［6］ 周彦豪.聚合物加工流变学基础［M］.西安：西安交通大学出版社，1988.

［7］ 徐佩弦.高聚物流变学及其应用［M］.北京：化学工业出版社，2009.

［8］ 伦克 RS，徐支祥，宋家琪.聚合物流变学［M］.北京：国防工业出版社，1983.

［9］ 周持兴.聚合物流变实验与应用［M］.上海：上海交通大学出版社，2003.

［10］ 尼尔生 LE，范庆荣，宋家琪.聚合物流变学［M］.北京：科学出版社，1983.

［11］ 顾国芳，浦鸿汀.聚合物流变学基础［M］.上海：同济大学出版社，2001.

［12］ 谢元彦，杨海林，阮建明.流变学的研究及其应用［J］.粉末冶金材料科学与工程，2010（15）：1-7.